KB179114

인류가 나타난 날 상

빙하와 인류시대의 수수께끼를 풀다

전파과학사는 독자 여러분의 책에 관한 아이디어와 원고 투고를 기다리고 있습니다. 디아스포라는 전파과학사의 임프린트로 종교(기독교), 경제 · 경영서, 일반 문학 등 다양한 장르의 국내 저자와 해외 번역서를 준비하고 있습니다. 출간을 고민하고 계신 분들은 이메일 chonpa2@hanmail.net로 간단한 개요와 취지, 연락처 등을 적어 보내주세요.

인류가 나타난 날 ①상

–
초판 1쇄 1979년 8월 5일
개정 1쇄 2024년 2월 20일

–
지 은 이 가와이 나오토 · 이케베 노부오 · 후지 노리오 · 나카이 노보유키
옮 긴 이 한명수
발 행 인 손동민
디 자 인 임하영

–
펴낸 곳 전파과학사
출판등록 1956. 7. 23 제 10-89호
주   소 서울시 서대문구 증가로18, 204호
전   화 02-333-8877(8855)
팩   스 02-334-8092
이 메 일 chonpa2@hanmail.net
홈페이지 www.s-wave.co.kr
공식 블로그 http://blog.naver.com/siencia

ISBN 978-89-7044-646-2 (03470)

인류가 나타난 날 상

빙하와 인류시대의 수수께끼를 풀다

전파과학사

머리말

데카르트는 사람은 '생각하기 때문에 존재하는' 동물이라고 정의했다.

인류는 언어와 문자를 통해 서로 통신하게 되었다. 서로 같은 말을 하며, 문자를 발명하여 통신하게 되었고, 신을 믿으며, 음악과 시에 취하기도 하고 그림과 조각에 넋을 잃었다. 문학이라는 수다스런 세계를 알고, 철학의 심오한 연못에 빠지고, 건축에서 시작하여 토목에 이르는 고도한 기술을 익혔다. 공업을 통해 산업을 일구었으며 드디어 과학이라고 부르는 문명의 극치를 찾아냈다.

그리하여 앞으로 인류 세계에는 거의 무한한 가능성이 약속된 것처럼 보인다. 이 특수하고 뛰어난 초동물(超動物)이 '언제', '어떻게' 또 '무엇 때문에' 지구 표면에 나타났는지 연구하고 있다.

인류가 막 나타났을 무렵 인류는 얌전하고, 자연계의 동식물과 소박하게 조화하고 온화하게 공존하였다. 그런데 어느새 자연계를 이용하는 꾀를 배우고, 더욱이 이들을 제압하기 시작하여 끝내 멸망시키는 데 맛을 들였다. 그 결과 자신에게 이로운 동식물만을 만들기 시작했다.

그리고 지하에서 에너지의 근원을 캐내려고 끊임없이 지표를 깎아 버렸고, 그칠 줄 모르게 전쟁을 되풀이해 왔다. 만일 지구 밖에서 이 횡폭한 인류의 활동을 바라보는 다른 생물이 있었다면 그들은 경악하는 눈을 뜨고, 못다 꾼 악몽에 가위눌릴지도 모른다.

나는 어찌하여 인류에 관해서만 그들이 걸어온 어둡고 긴 복도 같은 길에 빛을 비추어 이같은 『인류가 나타난 날』이라는 책을 쓸 수 있었는가, 아무래도 불가사의하다면 불가사의한 일이다. 또, 생각하면 생각할수록 생각하기 때문에 존재한다는 인간의 존재 이유는 헤아릴 수 없고, 풀 수 없는 까다로운 문제가 되어 버린 듯하다.

인류 이전의 동물이, 그리고 식물이 무엇이었으며 '언제', '무엇 때문에' 또 '왜' 변화해 왔는가 하는 의문을 이해한 것도 다름 아닌 인류이다. 그러므로 생명의 기원이 밝혀질 날도 멀지 않았다.

또 신도 지금까지는 손대지 않던 인간 자신의 생명과 그 변모를 인류만이 마음대로 할 수 있을 것 같다. 염색체 개조는 인간만이 할 수 있기 때문이다.

자연을 초월한 것 같이 보이고, 불손과 불신에 가득 찬 이 생물도 결국은 동물의 일종이며, '진화가 극단적으로 방산한 종은 절멸한다'는 대법칙에서 벗어나지는 못한다. 만일 그것이 사실이라면 멸망할 날은 언제쯤 닥칠까.

이 책은 인류가 나타난 즈음의 지구 무대 뒤에서부터 시작하여 인류의 탄생과 진화를 살피고, 드디어 현재로 이르는 빛나는 인류의 이력서이다.

지구의 환경이 어떻게 변화해 왔는가 소개하는 동시에, 지금까지의 광망과는 달리, 신들의 황혼이 닥쳐, 사람들의 마음을 더욱더 불안하게 하는 '앞날'을 독자에게 이해시키려고 네 사람의 전문가가 각각 독립된 입장에서 전개한 추리이기도 하다.

인류가 장차도 발전하고 그대로 존속할 것인가는 이 책을 읽는 사람에 따라 서로 다르게 느낄 것이며, 지금으로서는 예언하기 어렵다.

그러나 언젠가는 누군가가 반드시 인류의 종말을 지켜보는 날이 닥칠 것이다. 이 예언을 하게 될 날은 그리 먼 미래가 아니고, 인류시대의 역사가 완성될 즈음 갑자기 온다.

저자들

차례

제2장 인류의 시대

구석기와 네안데르탈인의 발견

잃어버린 고리를 찾아서—원인의 발견

아프리카의 원인—올두바이

제3기의 원인—사람의 뿌리는 1,500만 년 전까지 거슬러 올라간다

사람이 걸어온 길—인류의 진화

인류가 나타난 날 하

제1장

인류시대의 무대 배경

지구의 이력서와 인류가 걸어온 길

사람의 과거도 갖가지다. 나의 일생, 어머니의 일생, 할아버지의 일생, 다시 증조부까지 거슬러 올라가면 윤곽이 희미해지기 마련이다. 그렇지만 개인의 생애도 연속된 역사가 있어서 남은 편지나 일기, 사람들의 입을 통해 조사할 수 있다. 그러나 아무리 길게 잡아야 겨우 100년을 넘어서지 못한다.

이에 비해 민족의 과거는 대략 1,000년의 시간 단위로 헤아려야 한다. 세계에서 가장 오래된 이집트나 메소포타미아 또는 인더스 문명일지라도 거슬러 올라가면 6단위, 즉 겨우 6,000년이란 타임 터널을 지나기만 하면 된다.

이보다 더 길고 오래된 과거가 있는가 어떤가 상상할 때는 지구 역사가 떠오른다. 그 시작은 100만 년은 어림도 없고 10억 년 단위로 헤아려야 한다. 현재 믿을 만한 숫자는 45억 년이라는, 민족이나 국가의 생명에 비해 엄청나게 길어서 숫자만으로는 상상할 수 없는 영역이다.

이 책에서 다루려는 이야기는 이런 긴 지구의 역사 가운데서 제일 현재에 가까운, 지질학 시대의 드라마이다. 학문상 제4기라고 불리며, 과거 약 200만 년 이전부터 지금까지의 지구상의 사건에 관련한 이야기이다.

제4기는 보통 둘로 나눠 오래된 시기를 플라이스토세(最新世, Pleistocene), 새로운 기간은 홀로세(完新世, Holocene)라 불린다.

그림 1-1 | 인공위성이 촬영한 우리 지구

플라이스토세는 200만 년 전부터 약 1만 년 전까지의 긴 기간인데 홀로세는 플라이스토세가 끝나고 현재까지의 지구의 과거에서 겨우 1만 년 남짓 되는 시대이다.

이 제4기의 200만 년이라는 길이는 생각하기에 따라서는 아주 길다. 그리고 그 이전에는 아주 더웠던 지구가 갑자기 한랭해지기 시작하여 빙기가 가끔 찾아온 시대부터 시작한다. 그 때문에 식물과 동물 종이 그때까지보다도 급속하고 격심한 변화와 진화를 이룩하고, 한랭에 적응한 인간이 지구상에 등장하게 된 기간이기도 하다. 학문적으로도 아직 해결되지 못한 큰 문제가 남아 있어서 흥미 있는 연구 대상이 되는 시대이다. 이

시대에 관해 짧게 소개하는 데도 상당한 양이 되는 특수한 세계이다.

그런데 이 시대는 45억 년이라는 지구 나이에 비하면 겨우 3,000분의 1도 안 된다. 지구 나이를 1년 365일에 비유하자. 이 제4기가 몇 시부터 시작하는가 하면 놀랍게도 12월 31일 오후 8시경부터 시작하여 1년을 마치는 자정 때가 현재와 대응한다. 그리고 앞에서 얘기한 홀로세의 시작은 놀랍게도 오전 0시 직전인 오후 11시 58분 50초에 대응한다.

지구의 나이를 1년과 비교하지 않고 영화의 흐름에 비유한 사람도 있다. 그 사람에 따르면, 제4기 전체가 차지하는 시간대는 영화가 끝나 '끝'이란 글씨가 나오는 기간이 된다. 홀로세의 시간대는 관객의 눈 속에 끝이란 글씨의 잔상(殘像)이 남는 시간에 지나지 않는다.

이런 짧은 시간에 인간 활동이 고고학 시대로부터 일어나 국가들은 흥망을 되풀이하고 많은 낭만이 잇따랐다. '과거'는 정말 갖가지이다.

제4기의 흐름을 인류 활동을 중심으로 연구하는 것도 중요한 관점이다. 인류야말로 바야흐로 이 시기에 탄생하여, 그때까지의 원숭이와는 다른 세계를 구성하는 데 성공하였다. 인류학자 레이먼드 다트 박사의 손에 의해 남아프리카 타웅스에 있는 석회암 채석장에서 발견된 오스트랄로피테쿠스가 사람과 유인원의 중간 동물로 간주되었다. 이 원인(德人)이 출현하고 나서 지금부터 40~70만 년 전에 자바 원인(原人)이나 베이징(北京) 원인 등 호모 에렉투스가 나타나 거듭되는 빙하의 내습에 살아남기도 하고, 절멸하기도 하고, 또는 종의 진화가 일어났다. 그리고 10만 년 전에 지능과 체력이 뛰어난 네안데르탈인이 나타나 뷔름 빙기(7만 년 전부터 2만

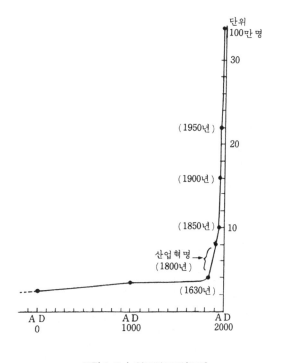

그림 1-2 | 인구의 증가(추정)

년 전까지)와 간빙기에 활약하였다. 그들의 대뇌의 부피는 1,500cc를 넘었고, 시체의 매장 형태로 미루어 보아 종교적 사상을 가졌던 것으로 밝혀졌다.

최종 뷔름 빙기가 끝난 1만 5,000년 전쯤까지에는 네안데르탈인이나 크로마뇽인은 멸망하였고, 현재의 우리 조상이기도 한 호모 사피엔스가 나타났다. 이 호모 사피엔스의 출현으로 완성기가 된 지구 표면은 더욱더 인간의 독무대가 되었다. 이리하여 수많은 동물과 식물이 인간이 사는 지대에서 쫓겨나 인간은 스스로 필요로 하는 동식물을 만들기에 이르렀다.

이리하여 세월이 흘러 18세기 말에는 드디어 영국에서 산업혁명의 횃불이 올랐다. 인간의 역사 200만 년을 다시 1년 365일에 견주어 보면, 이 혁명은 12월 31일 오후 11시 10분쯤에 일어난 셈이다.

산업혁명 이래 석탄, 석유, 원자력 등 에너지가 잇따라 개발되어 인간의 활동공간은 지구 표면으로부터 탈출하여 바닷속으로 깊이 들어가거나, 하늘 높이 솟아올랐다. 최근에는 지구 공간을 뛰어넘어 우주 공간 속 깊은 침묵의 세계로 퍼지게 되었다.

지구상의 호모 에렉투스(原人)의 총인구는 100만 년 전 당시라도 겨우 100만 명을 넘지 않았다고 한다. 네안데르탈인이 나온 무렵이 되자 인구는 배증하였고, 호모 사피엔스가 되고나서는 다시 배증하였고, 화석 및 원자 에너지가 개발된 20세기 말에는 60억을 넘어섰고 2011년에 70억 명을 돌파했다.[1]

생물의 진화 과정에서 일찍이 극한상태에 가깝게 진화가 방산하면, 한편에서는 환경 변화에 대해 극단적으로 저항력을 잃고 절멸한다고 한다. 이것은 고생물학에서 말하는 '종의 단절'이라는 법칙이며, 공룡이나 암모나이트가 그 한 실례이다.

인간도 생물의 일종이며, 종의 단절을 받을 운명에 있다고 한다면 그

---

1) 2022년 11월 15일에는 80억 명을 돌파했다고 *UN*에서 공식 발표했다.

시기는 그다지 먼 장래에 일어날 사건이 아니고, 우리와 가까운 자손이 맛보아야 할 비극이 되지 않을까?

닥쳐올 에너지 고갈과 공해가 축적되어 감을 보고 장래를 추정해도 인류만은 절멸하지 않는 동물이라고 단언하지 못한다. 특히 극히 최근에는 기후 한랭화와 건조화가 세계 각지에서 눈에 띄기 시작했고 적도대인 시리아, 이란, 사우디아라비아, 알제리 등에서 사막이 확대되고 있다고 한다. 이 현상은 세계적이며, 경제적으로나 정치적으로 깊은 고려가 필요한 문제이다.

제4기에는 빙기와 간빙기가 리드미컬하게 되풀이되었다. 그리고 지금 세계는 다음 빙기에 들어서기 시작했다고 믿는 학자도 많다. 그렇다면 그렇지 않아도 어려운 지구상에서의 인간의 존속은 위태롭게 되고, 인간 활동을 부득이 급속하고 격심하게 축소하여야 할지도 모른다.

익곡

일본 열도의 해안선에 가까운 대륙붕을 주의 깊게 관찰하면 예전에 육상에서 형성되어 수류에 깎인 계곡과 남은 산봉우리들이 물에 잠겨 있다. 옛날에 형성된 지형이 바닷물에 빠졌다고 하여 '익곡'(雨谷)이라 불리는 곳이다.

이 지대는 최근에 침하하여 골짜기가 바닷물에 잠겼을까? 아니, 그렇지는 않다. 이런 익곡은 세계 각지에 있다. 영국 데본과 콘월의 강가에도 프랑스, 북아메리카, 남아메리카에서도 발견되고 그 깊이가 거의 공통적이다. 따라서 익곡은 대륙 주변이 침하한 결과 생긴 것이 아니고, 해수면이 범세계적으로 상승한 결과 지표에 해수가 침입하여 익곡이 형성됐다고 생각하는 편이 옳을 것 같다.

또 일본의 세토나이카이(潮戶內海)나 상인(山陰) 지방 앞 바다에서는 해면 아래 평균 200m 되는 지점에서 대형 동물인 나우만코끼리의 어금니 화석과 2m나 되는 상아가 발견되었다(저인망에 걸려 나왔다).

이 화석들이 거의 파손되지 않았다는 것은, 그곳이 예전에는 육지였고, 나우만코끼리가 거기서 실제로 살다가 죽어 상아와 어금니를 남겼는데 나중에 물에 잠겨 해저 화석이 되었다고 생각하는 편이 자연스럽다. 현재의 육지로부터 운반되었다고 생각하기엔 너무도 멀고, 화석은 더 많이 파손되었어야 한다.

그림 1-3 | 일본 노도(能登)반도 주변의 익곡

그러나 해면 전체가 상승하려면 방대한 수량이 필요하다. 만일 그렇다면 그 물이 언제, 어디서, 무엇 때문에 바다에 들어갔는가에 대해 추리하고 증명할 필요가 있다.

약 100년 전 알프스 빙하를 연구하던 스위스의 과학자 루이 아가시(*Jean Louis Rodolphe Agassiz*, 1807~1873)는 현재 존재하는 스위스의 산악 빙하는 옛날에는 더 광대한 지역에 널리 분포했을 뿐만 아니라 더 두껍게 퇴적했다는 사실을 알아냈다. 따라서 그 뒤 현재까지 대량의 얼음이 스위스의 산악에서 녹아 흘러내려 어느새인가 그 대부분이 바다로 되돌아갔을 것이라 강조했다.

두꺼운 빙하가 산악을 덮으면 빙하 밑바닥은 하중 압력이 증대하여 얼음이 녹는다. 스케이트의 날 밑이 고압이 되기 때문에 얼음이 녹아 잘 미끄러지는 것과 같이 빙하는 산 위를 미끄러져 저지로 이동하고, 드디어 산 밑의 따뜻한 기온 때문에 녹아 없어진다.

이 이동 때 얼음에 붙은 단단한 바윗조각은 산악의 바위 바닥을 깊이 깎아 버리기 때문에 빙하가 이동하는 방향과 평행하게 할퀸 자국이 난다. 그런데 이런 할퀸 자국이 난 암석은 알프스에서만이 아니고, 스칸디나비아반도, 스코틀랜드, 북아메리카 북부 변경 지대 등 몇 만 ㎞에 걸치는 광대한 지방에서도 발견되었다. 이 얼음 양은 아무리 적게 잡아도 앞에서 얘기한 해수면 상승을 일어나게 하는데 충분함이 밝혀졌다.

아가시의 연구보다 몇 년 앞서 영국의 찰스 라이엘은 지중해 지방의 조개 화석을 연구하였다. 그리하여 현재와 같은 모습을 한 조개와 절멸종 조개와의 상관성이 이를 발굴한 지층 연대순으로 틀림없이 변화해 왔음을 발견하고, 오래되면 될수록 절멸종이 증가하는 것을 보고 지층 이름을 아래로부터 올리고세(衡新世), 미오세(中新世), 플라이오세(鮮新世), 그리고 플라이스토세(最新世)라고 하였는데, 아가시의 빙하기는 라이엘의 지층에서 가장 새로운 갱신세(更新世) 지층과 연대가 대응함이 밝혀졌다. 유명한 두 학자 이야기를 종합해 보면 다음과 같다.

제4기의 플라이스토세(갱신세)가 되자 지구에 기후의 대변동이 일어나 지표는 몇 번씩 두꺼운 얼음으로 덮이기도 하고, 얼음 덮개가 녹아 버리

그림 1-4 ｜ *C.* 라이엘(1797-1875). 대지주의 아들로 스코틀랜드에서 태어나 옥스퍼드대학에서 공부하였다. 영국, 프랑스, 이탈리아 각지를 여행하면서 지질학, 특히 화산과 제3계에 관심을 가졌다. 그는 제일설을 주장하여 수륙 분포, 기후, 생물 등이 급격히 변화함을 부정하였다.

기도 하였다. 그리고 최종적으로는 제일 마지막 빙기가 지나 간빙기인 따뜻한 홀로세가 되자, 알프스와 스칸디나비아의 산에서 얼음이 녹아내려 해수면이 100m 이상이나 상승했다. 그 결과로 현재 세계 각지에서 보는 익곡이 생겼다.

그리고 단공류(오리너구리), 식충류(두더지), 쥐류(쥐), 말류(말), 소류(소), 식육류(사자), 영장류(원숭이, 사람) 등이 나타났고, 문제의 제4기의 기후가 크게 변동되자 자연 도태되어, 현재 동물원에서 보는 동물군만이 드디어 이 세상에 남게 되었다. 그 사이에 일어난 식물의 변화도 동물의 변화와 거의 마찬가지로 격심하였다.

얼음의 하중압력

얼음 밀도가 암석의 밀도에 비해 작다고는 해도 3,000m 이상 두께로 널리 북반구, 예를 들면 스칸디나비아반도를 덮는다면 반도는 얼음 하중만큼 더 수직방향으로 압축된다. 반도를 포함한 지구 표면은 지각이라고 불리며, 그 밑에 가로놓인 맨틀 위에 뜬 상태이다. 마치 통나무가 물에 뜬 것 같이 반도는 맨틀 위에 얹혀 표류한다고 생각해도 된다[지구물리학에서 이 현상을 아이소스타시(지각평형설)라고 부른다].

두꺼운 빙판이 반도 위에 생기면, 마치 물에 뜬 통나무 위에 사람이 탄 것과 같은 현상이 일어나 통나무는 물속 깊이 가라앉는다. 두꺼운 얼음이 반도를 덮은 동안 반도는 아래에 있는 맨틀 층에 보다 깊이 가라앉는다.

이윽고 한랭 기후가 가고 급속히 기온이 오르기 시작하자 얼음은 녹아 앞에서 얘기한 것 같이 바다로 되돌아가므로 스칸디나비아반도의 하중압력은 감소한다. 통나무에 탄 사람이 통나무에서 내리면 하중이 줄면서 통나무가 물 위에 높이 떠오른다. 이와 마찬가지로 두꺼운 얼음이 반도 위에서 없어지면 반도 자체가 상승한다. 이 현상은 '리바운드'라고도 불리며, 상승 속도가 빠를 때에는 1년에 1㎝에 이르기도 한다. 지질학적 현상이 사람의 일생 동안에 발생하므로 이상현상은 각지에서 나타난다.

예를 들면 해안에 매 놓은 바이킹 배가 하루아침에 육지에 올라가 있다.

그림 1-5 | 해안단구(스코틀랜드)

'어제는 갈대가 자라던 해안'이 '오늘은 푸른 목장으로' 변하는 것이다.

스코틀랜드나 아일랜드 북부 변경에는 홀로세 초(1만 년 전)에 쌓인 강의 퇴적지가 높은 고지 위에 끌려 올라가 남아 있는 곳이 있다.

북아메리카 대륙에 있는 캐나다에는 이런 '리바운드'에 의해 떠오른 옛날 해저가 몇 층이나 해안단구(海岸段丘)로 된 곳이 있다. 익곡과 리바운드는 공존하지 않는다.

아미노산에서 포유류로

문제의 제4기가 지구 나이 45억 년에 비해 매우 단시간 안에 끝났다는 것은 벌써 얘기했다.

이 제4기를 자세히 얘기하려거든 제4기 이전의 기나긴 지구 역사에 대해 언급하고, 각 시대의 특징을 얘기할 필요가 생긴다. 영화의 끝 표시에 대해 논하려면 어떤 이야기가 연출되었는가부터 논해야 한다.

지구는 은하계 우주 중에서 태양계에 속하며, 태양과 그 행성들이 동시에 탄생했다고 생각된다. 아폴로 우주선이 가지고 돌아온 달 암석을 분석하여 달의 나이가 알려졌는데, 지구와 동갑이었다.

태양, 지구, 달의 기원에 대해서는 아직 해결하지 못한 문제가 많다. 그러나 탄생 후 곧 지구 표면에는 지각이 생겨, 맨틀층 위에 뜨게 되고, 중심부에는 녹은 상태의 무거운 지구핵이 있어서, 마치 껍질, 흰자 위, 노른자 위라는 삼중구조를 한 달걀 모양이 되었고, 대기 중에 있던 대량의 수증기가 응결하여 바닷물의 원천이 되었음이 알려졌다.

그리고 30억 년 전, 즉 지구가 탄생하고 나서 십수 억 년이 지날 무렵에는 벌써 생물체가 많이 살게 되었다. 남조(藍藻)를 비롯한 박테리아류 화석이 아프리카에서 발견되었다.

따라서 남조보다 더 간단한 생물의 근원이 50억 년 전 지구 발생 이전에 이미 우주 공간에 존재하였고(운석 중에 아미노산이 발견된다), 지구가 생

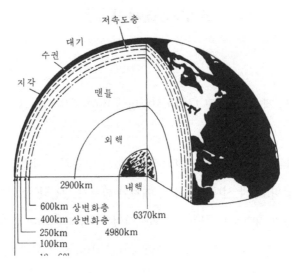

그림 1-6 | 지구의 층상 구조

물의 생존에 적합하게 되자 지표에 살게 되었다고 생각하는 사람도 최근
에는 많아졌다.

오파린이 생각한 코아세르베이트 같은 만 단위의 사슬로 연결된 아미
노산 집합체가 외계와 막으로 구분되고, 이를 통해 밖으로부터 물질을 받
아들여 스스로 단백질을 만들며 이물을 방출하는, 이른바 대사작용을 하
는 것이 생체의 시작이라고 한다.

원시적 생물은 혐기적(嫌試的)이었으며 광합성을 할 능력은 없었다. 먹
이(유기물)를 발효하여 이산화탄소와 수소로 분해하며 그때의 에너지를
사용하여 증식했을 것이다. 당시 지구 대기는 지구에서 솟아난 가스가 주

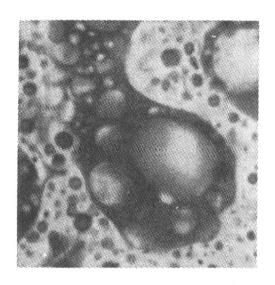

그림 1-7 | 코아세르베이트는 생명의 제1단계가 된 물질인가?

체였고, 산소는 없었으며 이산화탄소가 대량으로 존재하였다.

그러나 이윽고 녹색식물이 바닷물 중에서 발생하여 이들이 광합성을 하기 시작하였다. 광합성이란 태양광과 클로로필을 매개로 하여 물을 수소와 산소로 분해하여 대기 중의 이산화탄소를 생체에 받아들이고 분해 결과 만들어진 수소를 화합시켜 생체의 일부로 만드는 작용을 말한다. 혐기성 생물이 행하는 발효화학반응과는 완전히 반대가 되는 반응이라 하겠다. 분해한 산소는 이 생체에는 불필요하므로 몸 밖으로 배출한다.

이러한 클로로필을 갖는 새 생물에게는 스스로 만든 산소가 독이 되기도 하여, 혐기성 생물은 스스로 만든 산소 때문에 죽는 일이 많았다.

그러는 동안, 철 원자를 교묘히 생체 표면에 배열시켜 방패 대신으로 사용하여 분해한 독성 산소로 철 분자를 산화시켜 자신의 체내에는 산소가 침입하지 않게 진화한 생물이 출현하였다.

이들은 퍼옥시솜(peroxisome)이라 불리는 생물이며, 시간이 지남과 더불어 차츰 진하게 된 대기 중의 산소 함유량 때문에 부득이 절멸하거나 또는 대기가 닿지 않는 장소에서만 살게 된 일반 혐기성 생물보다는 훨씬 유리한 생활조건을 갖추고, 대기에 노출된 곳에서도 살 수 있게 되었다.

이런 상태가 계속되어 광합성을 행하는 생물이 증가해 감에 따라 대기 중에는 이들 생물에 의해 만들어진 산소량이 증대하여 드디어 대기압의 5%까지 도달했다.

이 값은 혐기성 생물에게도 호기성 생물에게도 중요한 값인데, 혐기성 생물은 이 이상 산소 함유량이 큰 대기 중에서는 생존이 불가능하다. 한편 호기성 생물은 이 이하의 산소 함유량을 가진 대기 중에서는 살 수 없다.

이 숫자는 파스퇴르가 발견하였으므로 '파스퇴르점'이라고 부른다. 파스퇴르점을 넘어 산소 함유량이 커진 대기 중에는 호기적 미생물체를 비롯하여 산소를 호흡하여 에너지를 취하는 각종 생물이 증대하기 시작하며 지표는 갑자기 분주한 세계가 되었다. 그러자 만들어진 산소가 대기 상층에서 오존으로 변화하고, 이 오존층은 태양광선 중의 강한 자외선을 흡수해 버리므로 육상은 생물의 생존이 가능하게 되었다. 따라서 적당한 오존층이 고층 대기 중에 생기기까지 지표에서는 생물이 생존하지 못하였다(강한 자외선이 닿으면 생물은 죽는다). 그러므로 그때까지 생물은 수면 아래 수 m 정도에서만 살았다. 그런 두께의 수층이라면 강한 자외선은 흡수되어 그 층 아래에서는 생물이 안전하게 살아남을 수 있었다.

지구상에 생명이 발생한 일은 보통사람에게는 퍽 어려운 이야기인데, 그 생물이 존속되고 발전하고 진화한 것은 또 다른 뜻에서 큰 문제라고 생각된다. 그런데 불가사의하게도 이 지구상에서는 어쩐 일인지 생명이 매우 쉽게 탄생하였으며, 그 후 진화를 거듭하며 다음에 얘기하려는 물고기로 발전하였고, 양서류를 거쳐 파충류, 그리고 포유류로 진화하였다.

다시 지구 나이를 1년의 시간에 빗대어 보자. 지구가 탄생하고 나서 겨울이 지나 4월이 될 무렵에는 광합성을 하지 않는 생물이 태어났다. 그 후 금방 광합성을 하는 생물이 나타났다. 9월 초에는 파스퇴르점을 넘어 산소가 많은 대기가 생기고, 11월 중순이 되자 상당히 심한 빙하시대(얼마나 길었는지 모른다)가 한번 닥쳤다. 그리고 생물에게는 긴 준비 기간이었던 전(前)캄브리아기가 겨우 끝났다. 그러고 나서 고생대가 약 4억 년 계속되었고, 다음 12월 중순경에 중생대(계속기간 1억 6,000만 년)가 시작하였고, 12월 26일 오후 8시경에 신생대(계속기간 6,300만 년)에 들어가 현재에 이르렀다. 특히 고생대, 중생대 및 신생대에서 일어난 지층 발달, 생물 진화, 지각 변동 등은 11월 중순부터 현재까지의 기간에 이르는 지구에서 일어난 사건을 추리하는 지질학의 연구분야이다. 고생대는 여섯으로 나뉜다. 제일 오래된 캄브리아기, 다음 오도비스기, 실루리아기, 데본기, 석탄기, 페름기 순이다. 한편 중생대는 트라이아스기, 쥐라기 및 백악기

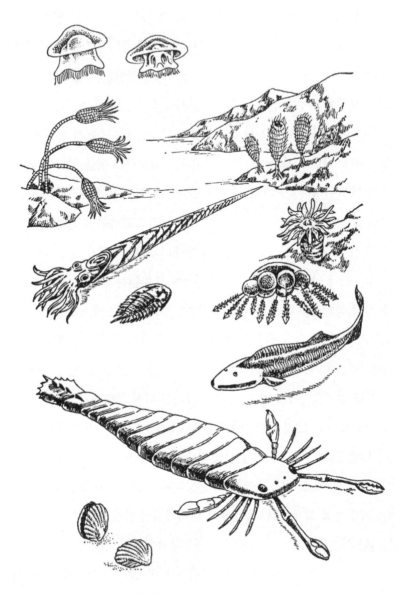

그림 1-8 | 고생대의 생물 군상(1)

그림 1-9 | 고생대의 생물 군상(2)

로 나눠지며, 신생대는 크게 제3기와 이 책에서 얘기하는 제4기로 나눠진다.

전캄브리아기 끝 무렵에는 단세포로 된 원생동물은 말할 것도 없고 다세포인 해면, 강장동물(산호와 해파리)과 절족동물(새우와 게) 등의 화석이 발견되었고, 종과 수는 적지만 상당히 진화가 진척되었음을 말해 준다.

고생대에 들어서자 화석종이 급증할 뿐만 아니라 대형화되었다. 캄브리아기가 되자 해조(海藻)는 거의 다 나타났으며, 동물로는 방산충과 유공충 같은 원생동물을 비롯하여 대부분의 무척추동물이 나타났다. 해파리, 링굴라 조개(이매패에 가까운 완족조개), 삼엽충 등 석회질 껍질을 갖지 못하고 각질(단백질) 또는 키틴질(함질소다당류) 바깥 껍질로 싸인 특징을 가진 것이 나타났다.

다음 오도비스기와 실루리아기에는 육지에 가까운 얕은 바다에서 동물 화석이 발견되는데 산호, 두족류(頭足類), 고동류, 삼엽충, 갑각류가 발견되고, 검은 이석(泥石, 아마 흑해 같은 얕은 무산소대 바다)에서 필석(筆石)이라는 부유 생물의 유체가 발견된다.

오도비스기에 일어난 큰 사건은 척추동물 중에서 이갑류(異甲類)라는 어류의 탄생과 실루리아기에 육상식물로서는 프실로피톤이 나타났다.

프실로피톤이 나타나기까지 식물은 해상에 떠다니면서 광합성을 하였다. 프실로피톤은 해안에 다다랐고, 비로소 육지에 상륙하게 되었다.

식물은 일단 상륙하게 되면 땅속에 뿌리를 내리고 몸을 꼿꼿이 세워 광합성에 필요한 물을 꼭대기까지 날라야 했다. 그러기 위해 튼튼한 줄기

그림 1-10 │ 중생대의 생물 군상

가 필요하게 되었다.

다음 데본기는 고온, 건조한 시기가 계속되었고 조산운동(칼레도니아 조산)이 일어났다. 필석과 삼엽충은 사멸하고 완족조개(스피리퍼 등)와 암모나이트, 바다백합 등이 전성기를 맞이함과 동시에, 어류가 크게 번영하였다. 이것이 이 시대의 가장 큰 특징으로 턱이 없는 외골격(外骨格)을 가진 상어도 나타났다.

그리고 이 시대에는 벌써 수륙양용 동물로서 경골어(硬骨魚)의 일종인 폐어가 나타났다.

실루리아기에 상륙한 프실로피톤 등의 식물을 먹고 사는 동물이 해안에 나타나(거미류) 해안지대가 동식물의 생활 장소가 되었다. 그리하여 드디어 폐어가 진화하여 양서류가 되었다.

다음 석탄기는 세계 각지가 특히 고온, 다우한 시기였다. 대륙 내부에도 대삼림이 무성해져 수증기나 구름이 많아졌다. 속새류와 석송류가 크게 번영하였고 이들이 흙 속에 묻혀 탄화하여 대량의 석탄으로 된 시대였는데, 고온임에도 불구하고 빙기가 사이에 한 번 끼었다.

다음 페름기는 대규모 바리스칸 조산운동이 발생하여 매우 높은 산맥이 솟고, 지구 표면에 대혁명이 일어난 시대였다.

그때까지 번영한 고사리 식물은 모습을 감추고 소나무, 삼나무, 은행나무, 소철 등 나이테를 가진 겉씨식물이 나타났다. 미처 외피로 싸인 열매는 갖지 못하였지만 고사리류에 비하면 알부민에 둘러싸인 씨를 가진 식물이었다.

다음에 지구는 드디어 중생대로 들어섰다. 지구 나이를 1년으로 치면 12월 중순경이 되지만, 이때 일부 양서류가 물과 인연을 끊고 대륙 안으로 들어와 파충류로 진화하였다. 건조한 내륙에 견디는 강한 피부와 튼튼한 껍질을 가진 알을 낳게 되었다. 다음 쥐라기가 되자 파충류는 더 진화하여 하늘을 나는 것도 나오고, 특히 대형화한 공룡 같은 동물도 나타났다. 또 새의 조상인 시조새도 나타났다. 소철과 은행나무는 더 진화하고 발전하였다. 이때 포유동물인 유대류(有袋類)가 처음 나타났고, 조류와 포유류가 나타난 기묘한 시대였다. 또 쥐라기부터 대륙 이동이 심해져 다음 백악기에 이어졌다. 육지가 침강하고 바다가 크게 발달한 시대이다.

백악기 후반에 비로소 속씨식물이 나타나기 시작하였다. 그리고 세계의 지붕인 알프스와 히말라야산맥이 생기기 시작한 시기이기도 하였다.

이즈음부터 일본 열도는 휘기 시작하여 중앙부에 화강암이 관입하기 시작하였다. 화산활동이 활발해져 다음 신생대의 제3기에 이어졌다.

제3기는 6,300만 년 전부터 시작하여 오래된 시대부터 팔레오세(晩新世), 에오세(始新世), 올리고세(潮新世), 미오세(中新世), 플라이오세(鮮新世)의 다섯으로 분류된다. 라이엘은 이 중 올리고세보다 오래된 조개 화석을 조사하였다. 전체적으로 기후는 덥고 화산활동이 심한 때여서 파충류는 거의 절멸하였고 포유류가 전성시대를 맞이하였다.

빙식 대지

영국 본토를 자동차로 여행하면 각지에서 푸르고 평탄한 초원과 그 초원에 방목된 양 떼와 소 떼를 많이 본다. 우리나라에서 보는 높은 산과 깊은 골짜기는 전혀 없다. 아일랜드와 스칸디나비아, 독일도 역시 그렇고, 1인당 대응되는 평야의 넓이는 뜻밖에 넓다.

그러므로 직사일광이 적은 데 비해 농업뿐만 아니라 목축업도 발달해 미미하기는 해도 그 나름대로 선샤인 계획을 수백 년 전부터 실시해 왔다. 그 이유는 다음에 얘기하는 제4기에 몇 번씩 되풀이된 격심한 빙식작용 (氷餘作用) 덕분이다.

앞에서 말한 빙하가 덮였던 지방의 지형은 상상을 벗어날 만큼 변형되어 U자형 빙식계곡(氷餘溪谷)이 각지에 남았고, 높은 산이 깎인 결과 완만한 기복을 이룬 대평원으로 전개되었다.

이에 반하여 빙하로 깎인 일이 없는 일본 열도 같은 곳은 산에 식생이 많지만 물에 깎인 V자형의 깊은 골짜기에 막혀 통행이 어려운 산간 벽지가 폭넓게 분포한다. 또한 평야는 해안을 따라 좁게 생겨 열도의 5% 정도도 안 된다. 여기서는 토지를 이용하기가 특히 어렵다.

일본같이 위도가 낮은 곳이라도 고도가 높으면 1년 중 눈이 남아 있는 산이 있다. 이 만년설은 미국 로키산맥, 유럽의 알프스, 스칸디나비아반도, 또는 남극 대륙에도 있다.

그림 1-11 | 하드리언 월(영국)과 빙식 대지

1년 중 눈이 남는 장소의 하한을 연결한 선을 설선(雪線)이라 한다. 설선의 대기 평균온도는 일본의 눈이 녹는 시기에 거의 0°C가 되는 곳과 일치한다. 당연한 일이겠지만 설선은 북반구에서는 북으로 갈수록 하강한다. 반복되는 한랭, 온난한 기후 변화로 인하여 설선의 높이는 변화하는데, 빙하기에는 하강하였고, 간빙기에는 상승하였다.

옛날 한랭기 무렵에 설선이 어디까지 내려왔는가를 추정하는 것은 어렵기는 하지만 전혀 불가능하지는 않다. 빙하가 이동하여 설선 아래로 내려오면 녹는다. 따라서 그때까지 얼음 속에 갇혀 이동해 온 빙퇴석(氷堆石) 등이 쌓인 곳은 옛날 설선의 조금 아래가 된다. 또 빙하가 만든 카르

그림 1-12 | 카르 지형

(圈谷)지형이라 부르는 사발모양으로 패인 지형이 높은 산의 사면에 남아 있다. 사발모양은 거의 반 정도는 깎이고 바닥은 골짜기 쪽으로 열려 있다. 카르 지형으로 된 데는 옛날 만년설이 쌓였던 곳이므로 카르 바닥의 하한 부근에 옛날 설선을 상정할 수 있다.

그런데 이렇게 옛날 카르와 빙퇴석이, 가령 해발 2,700m인 곳에 있고, 현재 이 지방의 설선이 4,200m 높이라면 카르 에 빙하가 만들어지던 2만 년 전의 빙기의 설선은 1,500m씩이나 저지로 내려왔었던 셈이 된다.

대기는 수직방향으로 온도 변화가 일어난다. 상층대기는 한랭하고

200m 올라감에 따라 1°C씩 저하한다. 이 온도 기울기는 빙기 동안에도 간빙기간이나 거의 같고 변화가 없다고 가정하면 2만 년 전의 그 지방 온도는 현재보다 약 7.5°C 정도 낮았다는 계산이 나온다.

이 밖의 연구자료를 포함하여 빙하지형에서 추정되는 2만 년 전의 이웃 일본 열도의 혼슈(本州) 중앙부(북위 36°)의 기온은 현재의 홋카이도(北海道) 오비히로(帯広) 지방(북위 43°)의 기온과 같았음을 알게 된다.

그래도 일본 부근은 태평양을 흐르는 구로시오(黑潮) 덕분에 비교적 더웠다. 그래서 이 정도밖에 온도가 내려가지 않았다. 유럽과 아시아 태반이 얼음에 갇혔는데도 니가타(新潟, 37.55N:139.03E)와 후쿠시마(福島, 37.45N:140.28E)를 잇는 직선이 그때 침엽수림의 남한이었다.

강대한 얼음 제국

세계 어디를 가도 고지는 기온이 차다. 그럼 산으로 올라가 보자. 산 꼭대기로 향해 올라가면서 산의 설선을 지나 더 올라가면 눈의 양이 많아지다가 차츰 감소한다. 어느 산이든 눈의 양이 극댓값을 나타내는 지점이 있다.

이 극댓값이 되는 점은 적도에서 멀어지면서 북극으로 가는데 따라 차츰 내려와 북위 50°~65° 지점에서는 그 지방의 설선과 거의 일치되고, 그보다 북쪽에서는 설선이 갑자기 내려간다. 이렇게 되면 다음과 같은 극적인 사건이 전개되기 시작한다.

쌓인 눈은 결코 녹지 않기 때문에, 눈이 해마다 증대하여 두꺼운 눈의 지층이 금방 퇴적된다. 여름이 오면 강한 직사광선으로 지난해 내린 눈 표면만이 조금 땀이 난 것처럼 젖는데, 겨울이 오면 다시 결정하여 그 위에 신설(新雪)이 쌓인다. 이것이 반복되는 동안에 눈 층은 굵은 입자로 된 얼음 집합체로 변모하여 몇십 년이 지나면 얼음입자는 드디어 한 덩어리가 되어 입자 사이에 있던 공기포가 감소하여 거의 투명한 상태가 된다.

이러한 얼음 기둥의 제조과정이 계속되면 눈 기저부는 하중에 의한 압력이 너무 높아져, 눈이 녹아 얼음 전체가 하부로부터 흐르기 시작한다. 상층에 쌓인 눈은 녹지 않지만 아래의 흐름에 실려 이동한다. 이때 산에 얹혔던 빙관(氷冠)은 비로소 빙하가 된다. 빙하 밑면이 평탄하지 않은

그림 1-13 | 얼음 세계에 사는 에스키모

경우에는 빙하 표면에는 쉽게 넘지 못하는 크레바스(crevasse)가 생긴다. 그리고 곧 닫혔다가 다시 열리는 현상이 반복된다.

빙하가 흐를 때 그때까지 유수(流水)로 미리 생긴 골짜기로 밀어닥쳐 얼음이 파고들면서 이동하므로 골짜기가 단순히 깊어질 뿐만 아니라 골짜기 측면이 넓혀져, 이른바 *U*형 골짜기가 만들어진다. *U*자형은 빙하의 흔적이다.

강하한 빙하는 여름에는 녹는다. 그러나 여름이 차고, 강설량이 여름

그림 1-14 | 스위스의 산악 빙하, 뒷산은 몽블랑

그림 1-15 | 바다로 흐르는 알래스카 빙하

의 융해량보다 많으면 빙하는 아래로 아래로 퍼져 산기슭에 이르러 저지로 퍼지고 나중에는 해안 평야 근처까지 도달한다(한랭 기후로 설선이 저하하기 때문에 일어난다).

각 산꼭대기에서 강하한 빙하는 평야에서 드디어 결합하여 몇천㎞에 이르는 한 덩어리의 판 모양으로 된 빙원(氷原)이 되어 버린다.

빙원(아이스시트)이 빙하의 기슭에 넓게 퍼지면 드디어 해안에 이르고 바닷물에 잠긴다. 바닷물의 표면온도는 해수면 아래의 얼음온도보다도, 또 해면 상의 온도보다 높다. 이 때문에 바닷물 표면에서 얼음이 녹아 V자형 열곡이 수평방향으로 빙원에 뚫리고, 이와 동시에 수직방향으로도 많은 열곡이 생겨 돌출된 빙원의 선단은 분열하여 빙산으로 되어 바다에 떨어진다. 얼음에 갇혔던 돌과 흙은 빙산이 멀리 떠내려가 녹을 때 해저에 퇴적된다.

녹지 않고 증대하는 빙원 두께는 드디어 3,000m 이상에 달하여 산은 더욱더 높이 그 준엄한 모습을 스카이라인에 드러낸다. 빙원은 돔 모양이 되고, 그 위에서는 기온의 분포 역전이 일어난다. 돔의 바로 위의 기온은 상공의 온도보다 낮아진다.

차고, 무거운 공기는 돔 꼭대기로부터 아래로 향하여 강하풍이 되어 이동하는데, 그때 지구 자전의 회전각 운동이 보존되므로 북반구에서는 바람이 태풍과는 반대로 우회전 하면서 불게 된다.

이런 극적인 빙하, 빙원이 발달된 후 몇천 의 세월이 흐르자, 새로운 얼음의 연간 발생량보다도 얼음 융해 또는 증발량이 많아지는 사태가

그림 1-16 │ 빙호점토는 빙하가 땅에 새긴 나이테이다.

어느새인가 발생하기 시작한다. 아마 이것은 연간 강설량이 감소하였거나 여름의 융빙량이 증대하였거나, 또는 이 두 가지가 겹쳐 일어난 결과일지 모른다. 이렇게 되면 빙원은 후퇴하기 시작하여 산악 빙하는 산꼭대기 쪽에만 남는다.

　예전에 빙원이 있던 곳에는 다량의 융해수(融解水)가 남는다. 이때 봄부터 여름에 걸쳐 생기는 융해수는 가을부터 겨울보다 훨씬 많다. 봄, 여름에 걸친 물은 희끗한 점토 입자를 함유하고, 가을에서 겨울 동안에 생긴 물로 운반되는 입자의 양은 적어져, 퇴적토의 색이 거뭇해지므로 융수량의 변화에 따라 퇴적된 지층은 빙호점토(氷縞姑土)라는 나이테에 대응할만한 줄무늬 모양이 된다. 줄무늬와 다음 줄무늬 사이가 꼭 1년의 퇴적량

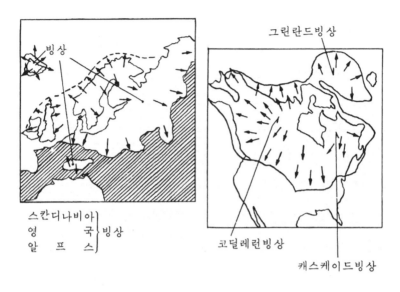

그림 1-17 | 세계의 중요 빙하 조성지

을 나타내므로 줄무늬 수를 헤아리면 연대가 결정된다.

유럽 북부 변경에서 가장 현저한 빙하 조성지로는 스칸디나비아반도를 먼저 들어야겠다. 그곳 남북으로 뻗은 산맥에서 빙하가 만들어져 동서로 퍼졌다.

그러나 서쪽에 대서양이 있기 때문에 해안까지 다다른 빙판은 초기에 빙산이 되어 버린다. 이 때문에 판 두께는 두껍지 않고 얇았다. 그러나 동부에서는 빙판 발달을 막는 저항물이 없었으므로 당시 육지로 변화하고 있던 보드니아해를 가로질러 핀란드, 소련으로, 또 발트해를 넘어 독일, 폴란드, 덴마크까지 확대하였다.

브리튼섬에서도 빙하가 발달하였는데, 당시 섬은 대륙과 이어졌고 영국에서 생긴 빙하와 스칸디나비아반도에서 온 빙하가 합체함으로써 큰 빙판이 되었다. 아일랜드로부터도 빙하가 발달하여 아일랜드 해협도 빙하의 정거장이 되었다. 리스 빙기(20~30만 년 전)에는 이 빙원 넓이는 2,145만 제곱 마일이나 되었다.

그밖에 아이슬란드나 스피츠베르겐에도 빙원이 생겼는데, 알프스에서는 빙하군의 빙원이 합쳐 9,000~11,000제곱 마일에 걸친 빙판이 발달하였다.

스칸디나비아반도 동쪽으로 여행하면 대서양으로부터 멀어짐에 따라 수증기량은 점차 감소함을 느낀다. 기온이 따뜻해진 결과가 아니고 건조하기 때문에 유라시아 대륙의 동북부에는 빙원이 생기지 못했다. 그래도 우랄산맥과 노바야젬랴 고원에는 조금 큰 빙원이 발달하였고, 기온이 가장 낮은 때에는 스칸디나비아 빙원과 합쳤다. 또 시베리아 북부 변경도 빙원이 극히 광범위하게 확대된 일이 있었는데 스칸디나비아만큼 빙판이 두껍지 않았다. 또 오비강과 에니세이강 중간지대에도 빙원이 발생하였다. 시베리아에 대빙원이 생기지 않은 이유는 빙기에 이 지방의 수증기가 몹시 감소하였기 때문이다. 실제로는 격심한 저온 때문에 시베리아 대평원은 영구히 동토(凍土)가 되어 '툰드라'라 불리는 식생이 없는 불모지대가 되었다.

아시아 대륙 남부, 히말라야, 톈산(天上)산맥과 아프리카의 에티오피아, 케냐, 우간다, 탄자니아의 고산지대에도 빙기에는 빙하가 퍼졌다.

북아메리카의 빙하는 유럽에 비하면 훨씬 장대하였다. 북위 38° 이상 지대는 모두 은세계가 되었고, 로키산맥은 빙판을 덮어쓰고 현재 높이보다도 훨씬 높게 솟았고, 뉴욕지방에도 두꺼운 빙하가 밀어닥쳤다.

북아메리카 대륙에는 빙하 조성지가 두 곳이 있었다. 그중 하나는 서부의 코딜레런 빙원으로 태평양 해변에서 캐스케이드산맥, 로키산맥에 걸친 지역을 차지하였다.

동부의 로렌타이드 빙원은 서부 빙원보다도 컸고, 빙하 전성기에는 둘은 합쳐 남극 대륙의 빙원보다도 컸으며, 600만 제곱마일이나 되는 지역을 차지했다.

남아메리카에서는 안데스 등 현재도 빙하가 남아 있는 지역에 빙원이 확대되었고, 파타고니아 평원까지 퍼졌다.

또 뉴기니, 태즈메이니아, 오스트레일리아 등 남반구 각지에도 광대한 빙원이 생겼다. 남극 빙원은 두꺼웠고 대량의 빙산이 만들어졌음은 말할 것도 없다.

빙하의 시종 '툰드라'

유럽뿐만 아니라 북아메리카에 있는 대빙원은 황량한 땅이었다. 사람은 말할 것도 없고 동물도 살 곳이 못 되었다.

뷔름 빙기에 비해 앞 리스 빙기는 더 춥고 빙원도 크게 발달하였다. 마지막 뷔름 빙기에 발달한 빙원의 남한이 어디였던가를 추적해 보자.

그 남한선은 아일랜드 남쪽부터 시작하여 웰즈를 거쳐 영국 본섬을 동으로 가로질러 육지로 화해가던 북해의 중앙부로부터 유틀란트반도 남단에 도달하였고, 독일 북부를 지나 오데르 골짜기를 스쳐 우랄산맥 동쪽을 북상하여 북극해에 이르는 곡선이 된다. 해수면이 100m나 저하했었으므로 영국 해협과 비스케만은 육지였으며, 지중해의 수면도 저하하여 사르디니아섬과 튀니지는 연결되었었다. 해면이 저하하였던 시대의 일본 열도 부근의 옛날 지형에 대하여 추정한 것을 보면 그림 1-18과 같이 리스와 뷔름 빙기의 전성시대에는 혼슈(本州)는 홋카이도(北海道)와, 홋카이도는 사할린과, 사할린은 시베리아 대륙과 연결되었고, 또 한반도와 일본 본토(혼슈, 규수)는 연결된 땅덩어리였다.

말할 것도 없이 베링 해협에는 육교가 생겨 식물과 동물만 아니라 사람도 이것을 건너 아시아로부터 아메리카 대륙으로 건너갔다.

얼음으로 된 대체국의 남단에는 불모의 영구동토 '툰드라'가 시종처럼 동서로 길게 복도 지대를 이룩하였다. 툰드라는 영국 본섬 남단부터

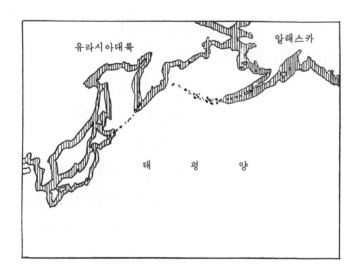

그림 1-18 | 뷔름 빙기의 육교(사선 부분)

도버 해협에 걸쳐 띠 모양으로 150㎞ 이상이나 동쪽으로 늘어져 네덜란드, 독일, 폴란드, 체코슬로바키아, 소련으로 뻗고 시베리아에서는 그 남북 너비는 갑자기 퍼져 500㎞ 이상이나 되었다.

시베리아 대륙은 북극해로 폭넓게 돌출되어 있어서 광대한 툰드라 지대가 시베리아 북부 지방에 생겼다. 베링 육교지대도 툰드라였다. 툰드라는 대부분이 불모하여 나무가 자라지 못하기는 해도 왜소한 소나무와 버드나무가 듬성하게 자라는 일도 있다. 이 툰드라 남쪽이라도 대부분이 동토인데, 곳곳에 따라서는 동토가 녹아 물이 있어 미미하지만 소나무와 포플러가 살아남아 숲이 된 지역이 있어서 '파크툰드라'라고 불린다. 기온

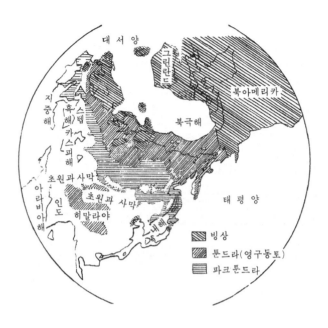

그림 1-19 │ 파크툰드라 분포

은 몹시 한랭하지만 군데군데 오아시스가 있어서 나무가 조금은 자란다. 헝가리와 유고슬라비아 일부에도 이러한 파크툰드라가 동쪽으로 이어져 시베리아에까지 연결되었다. 에스파냐의 파크툰드라와 헝가리 동부의 파크툰드라 중간에는 알프스 빙하가 발달하였으므로 그로 인해 연속되었을 파크툰드라가 둘로 나눠졌다.

빙기에는 고위도 지방은 얼음에 온통 덮였는데, 동시에 대기중의 수증기가 극단적으로 감소하여 중위도 지방에는 사막과 초원이 퍼졌고,

파크툰드라 남쪽으로 동서 방향으로 뻗어 나갔다. 흑해의 북쪽, 카스피해의 북쪽, 아랄해, 타클라마칸, 중국 일대의 광대한 중위도 지방이 사막과 초원지대가 되었다. 그리하여 호수에 이어지는 강가에만 숲이 자랐다. 그러나 지중해 지방, 이탈리아반도의 남부와 그리스, 터키까지는 툰드라, 파크툰드라 및 초원과 사막이 생기지 않았고, 그래도 한랭지의 소나무 숲으로서 침엽수림이 자랐다.

예전 간빙기에 유럽 북부와 중앙 유럽에 살던 동식물은 이 땅에까지 이동하였는데 도중 대부분이 소멸해 버렸다.

한편 지중 해협의 동물은 대부분 절멸하여 거의 일부만이 당시 육지화되었던 보스포루스 해협과 수에즈 지대를 거쳐 아프리카로 이동하였다. 이즈음 중위도 지방은 비가 많았고, 나중에 다소 감소하였다고 알려진다.

태평양에 가까운 동남아시아 지역은 빙기에도 빙하에 덮이지 않았다. 지금부터 2만 년 전의 뷔름 빙기에는 일본 후쿠시마(福島), 니가타(新潟)를 잇는 선 이남의 일본 열도와 북위 38°선 이남의 한반도에는 침엽수림이 번영하였다.

황해와 동지나해는 육지화하였고, 한반도의 수림은 남하하여 중국 충칭(重慶) 지방까지 뻗었다. 규슈의 사쿠라지마(製島)를 지나, 미처 육지화되지 않았던 동지나해를 거쳐 상하이(上海), 다시 아모이(廈門)로 이어지는 곡선은 당시의 경질 상엽활엽수(떡갈나무류) 삼림지대의 북한이 되었고, 타이완과 중국은 육지로 이어져 대삼림 중앙부에 위치하였다.

빙기에 빙하가 생기는 것이 당연하다 해도 대륙의 태반이 툰드라나 파크툰드라, 그리고 광대한 지역으로 퍼진 사막과 초원이었다는 사실을 아는 사람은 적다.

동식물의 남북문제

제4기가 되자 빙기와 간빙기가 몇 번씩이나 교번적으로 되풀이되었다. 그리고 격심한 기후 변동에 대해 식물과 동물이 어떻게 대응하였는가에 관하여 제4기 학자는 지금 상당히 심도 깊은 정보를 획득하고 있다.

홀로세가 되자 마지막 간빙기가 닥쳐왔다. 1만 5,000년 전부터 현재까지의 식물 이동에 대해 최근 북아메리카 대륙에 대한 꽃가루 연구자들은 상당히 많은, 그리고 설득력 있는 추리를 세웠다. 상세한 것은 나중에 얘기하겠지만, 발견된 식물의 이동, 그것을 쫓는 동물에 관한 패턴은 그 이전의 긴 제4기 동안에도 반복하여 각 변동에 따라 일어났다고 생각된다.

그런데 지금으로부터 1만 년 전이 되자 북위 38° 정도까지 남하하였던 북극관(北極冠)이 녹아 북방으로 후퇴하기 시작하였다. 기온은 벌써 회복되었고, 빙관의 남단에서는 섭씨 몇 도 정도까지 올라갔다. 융해빙이 충분히 있었고, 이들은 대륙 내부를 흘러 바다로 되돌아갔다. 그러나 고위도 지방은 아직 녹지 않은 빙판이 남아 있어 유빙(流氷)도 식생도 전혀 없는 불모의 세계였다.

대기의 온도는 차츰 높아져 6,000년 전쯤이 되자 기온도 습도도 홀로세가 시작한 이래 극댓값을 나타내었다. 세계 평균기온이 현재 값보다도 2~3℃ 높은 상태였으니 틀림없이 세계는 상당히 무더웠을 것이다.

그림 1-20 | 홀로세의 북아메리카 대륙 식물 분포도

이 기온 변동에 대응하여 대륙의 식물 분포가 변화해 가는 모습이, 빙관 후퇴 후에 생긴 토양 중의 꽃가루 분석에 의하여 밝혀지고 있다. 후퇴해 가는 빙관에 가장 가까이 접촉하여 북상한 식물은 소나무류였다. 이 소나무 숲 남쪽에는 낙엽활엽수인 갈참나무숲이 발달하면서 북상하고, 제일 남단에는 상록활엽수인 떡갈나무숲이 이어졌다(그림 1-20).

아직 충분히 기온과 습도가 회복되지 않은 1만 2,000년 전 무렵, 소나무 숲은 폭넓게 분포하였는데, 9,000년 전 무렵에는 소나무 숲이 무성하던 지역에 갈참나무숲이 자라게 되었고, 소나무류는 6,000년 전에는 캐나다 북부까지 물러났다.

소나무, 갈참나무 및 상록 떡갈나무 분포와 이동은 북아메리카만의 특유한 현상이 아니었고, 유럽에서도 통용된다. 고위도의 영국 해안에서 갈참나무 뿌리가 발견되었는데, 탄소동위원소에 의한 연대측정법으로 측정한 결과 6,000년 전 것임이 밝혀졌다.

죽은 나무는 썩기 쉽고 지표에서는 남기 어렵다. 문제가 된 나무뿌리는 해안에 가까운 얕은 바다 속에 묻혀 있었고, 썰물 때만 그 머리 부분이 해면 위에 나왔다.

북반구에서는 소나무 숲 남쪽에 낙엽활엽수림이 자라고, 다시 그 남쪽에 상록활엽수림이 분포한다. 남반구의 높은 산을 하나 골라 등산해 보자. 그러면 등산자는 북반구와 아주 비슷한 식생 분포를 보게 된다. 그는 먼저 산기슭에서 자라는 상록활엽수림을 지나야 한다. 거기를 지나면 곧 낙엽활엽수림으로 들어간다. 이 숲을 지나면 드디어 삼림 한계가 나오고, 거기서부터는 누운잣나무와 풀밭에 자라지 않는 산이 나타난다. 그리고 눈 아래에 펼쳐진 넓디넓은 풍경과 꽃밭을 보게 된다. 위를 쳐다보면 훨씬 멀리에 설선이 보일 것이다. 북반구에서 소나무 숲이 얼음과 접촉되는 광경과 아주 비슷하다.

이것은 고도 변화에 따라 기온 변화가 일어나, 이에 적용하도록 식생이 변화했기 때문이다(그림 1-21).

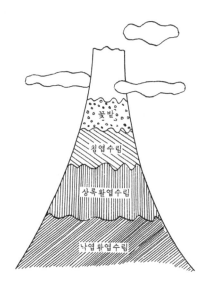

그림 1-21 | 고도 변화에 따른 기온 변화에 의한 식생 변화

　그런데 6,000년 전에 극댓값을 나타냈던 기온과 습도는 그 후 진동을
수반하면서 계속 낮아져서 현재에 이르렀다(그림 1-22). 현재의 식생분포
는 6,000년 전에 비해 다소 한랭형이 우세하고, 소나무는 세력을 되찾아
소나무 숲 분포가 커지면서 갈참나무류를 밀어내고 있다. 대기 중의 온
도 분포도 기온 극댓값에 비해 감소하였고, 빙기의 대기 수증기 함유량에
가까워지고 있다.

　적도대에 가까운 아프리카 대륙의 호수 수량의 시간 변화가 연구되
었는데, 기온이 상승하는 데에 따라 호수의 수량이 증대하고, 또 기온이
강하하면 수량이 감소하는 모습이었다.

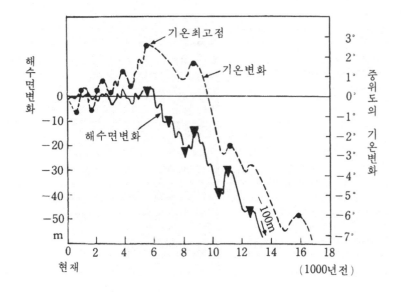

그림 1-22 | 중위도 지방의 기온 변화

　오스트레일리아나 아적도대의 사막지 넓이도 대기온도와 습도의 상승과 저하에 대응하여 수축과 증대를 거듭하고 있다.

　홀로세 이전의 기후 변동과 식생 및 동물 이동에 대한 정보는 비교적 적어서 추적하기 어렵지만, 그래도 제4기의 호수 바닥, 해저 퇴적물 속에서 갖가지 기록이 발견되었다.

　예를 들면 오사카(大阪)만 주변에 분포되어 있는 퇴적암의 제4기층이 지질학자에 의해 연구되었다. 그 결과 기온이 상승했던 시기에는 오사카 만이 만 내로 깊이 파고들었고, 거기에 해성층(해수 아래에서 퇴적된 지층)이

그림 1-23 | 마찌가네악어의 화석

분포되었던 사실이 발견되었다. 이 지층 속에는 온난한 기후를 좋아하는 동물 화석, 예를 들면 악어뼈가 묻혀 있었다. 장기간 흙 속에 잠자던 뼈가 1964년 오사카대학 이학부 건축 중에 구내에서 발굴되었고, 발견 지점인 마찌가네산의 이름을 따서 '마찌가네악어(*Tomistoma machikanense*)'라고 불리게 되었다. 이것은 길이 10m나 되는 큰 화석으로 생존 연대는 지금부터 약 40만 년 전이라 추정되었다. 그즈음 기온은 따뜻하였고, 해수면은 상승하여 현재 오사카대학 구내쯤이 해안이었고, 악어는 거기서 죽었다. 현재 대학은 해발 약 60m로 오사카만이 멀리 내려다보이는 언덕 위에 세워졌다.

악어와 마찬가지로 열대 또는 온대에 사는 코끼리가 제4기가 끝날 무렵에 일본 열도까지 북상하였다. 각지에서 화석이 발굴되었다.

이 나우만코끼리 화석은 나중에 세도나이카이(瀨戶內海)나 상인(山陰) 지방 앞바다에서도 발견되었는데, 나가노현(長野懸) 노지리(野尻)호에서 대량으로 발견되자 남방으로부터 코끼리와 악어가 올라온 길을 연구하게 되었다.

기후 변동에 대응하여 북상 또는 남하한 식물 및 동물의 이동에도 강한 저항체가 있었다. 높은 산맥이나 바다가 있으면 많은 생물은 그것을 넘어 자유롭게 이동할 수 없다.

북아메리카와 아시아에는 산맥이 남북 방향으로 연장되었다. 그 때문에 식물의 북상과 남하는 용이하였고, 산맥 사이의 골짜기를 이동할 수 있었다. 그러나 유럽에서는 알프스가 동서 방향으로, 또 지중해도 마찬가지로 동서 방향으로 뻗었다. 한랭기에 빙하가 남하하자 예전에 유럽에서 번영한 오래된 온대성 종속에 속하는 식물 중에서, 예를 들면 삼나무, 스키아도피티스 베르티킬라타 등은 빙하에 밀려 별수 없이 남하해야 했는데, 높은 알프스와 지중해를 넘지 못하고 급속히 절멸해 버렸다고 생각된다. 지브롤터 해협은 깊어 빙기 중에서도 육교가 생기지 않아 남하한 동물들은 아프리카를 눈앞에 두고도 해협을 넘지 못하여 살아나지 못했다.

또 말류인 말과 소류인 낙타 등 포유동물은 아메리카 대륙에서 발생하였는데 베링 해협에 육교가 생기자 그곳을 지나 아시아 대륙에 건너왔고, 그 뒤 아프리카에까지 건너갔다고 화석 연구를 통해 밝혀졌다.

일본의 쓰가루 해협도 생물 이동에 대해서는 저항체가 되었다. 포유류와 조류 분포도 이 해협을 경계로 변화하였으며, 침엽수 소나무과에 속하는 잣나무는 주고꾸(中國), 시고꾸(四國)의 아고산대에 생육한다. 제4기가 되어 기후가 한랭화 하여 대륙과 홋카이도, 홋카이도와 혼슈가 육지로 이어지자 대륙 북부로부터 이동해 왔다. 나중에 기후가 온난화되자 북방으로 되돌아갔어야 했는데, 해협의 수위가 상승하였으므로 북방이동을 단념하고 고산, 고지로 올라가 온도가 조절되어 왔다.

앞에서 얘기한 코끼리와 악어의 북상로에 대해서는 여러 가지로 추리되고, 또한 갖가지 난관에 부딪쳤다.

그중 하나가 대한 해협이다. 제4기에 나타난 대량의 코끼리는 대륙으로부터의 이주자임은 움직일 수 없는 사실인데, 대한 해협이 육교가 된 것은 기후가 한랭화 하여 대륙에 빙하가 발달하자 해수면이 강하한 결과였다. 이런 한랭기에 열대 동물이 일본 가까운 위도대에까지 북상했을 리 없다. 얘기는 거꾸로 되며, 온난기에 적도가 너무 더워 동물이 북상했다고 생각해야 하며, 코끼리가 온 길을 찾기는 어렵다.

200만 년 전 일본 열도 주변의 육지와 해양 분포는 현재와 같지 않았고, 간빙기에도 일본 열도는 대륙과 육지로 연결되었으며 그림 1-25에 보인 상태였는데 나중에 차츰 변화하여 B를 거쳐 C로 되었다고 생각해야 한다.

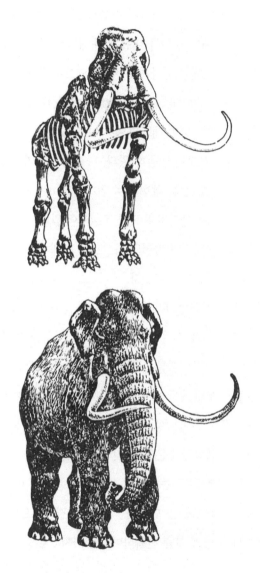

그림 1-24 | 나우만코끼리(위는 화석, 아래는 복원도)

• 도쿄대학에서 최초의 지질학 교수로 있던 독일 사람 *E.*나우만의 이름을 땄다.

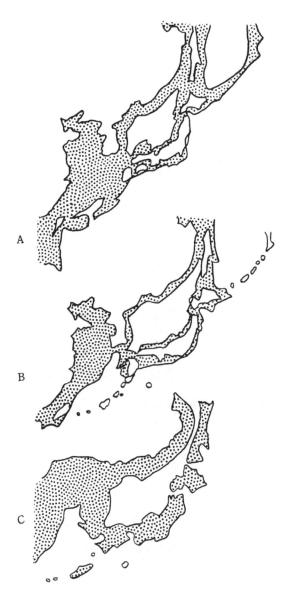

그림 1-25 | 200만년 전의 일본 열도 부근의 육지와 해양

생물의 진화

동식물이 기후 변동에 대응하려 하여 북상하거나, 남하하여 고지나 저지에 이동하였다는 것은 앞에서 얘기했다. 유럽 대륙에서는 한랭기에 알프스와 지중해를 넘지 못하고 절멸한 동식물이 있었다는 것도 얘기했다.

그렇다면 빙기 때의 유라시아 대륙 북부에는 동식물이 아예 서식하지 않았을까? 아니 그렇지 않고 빙기의 플라이스토세에도 그 이전의 온난했던 빌라프란키언기 플라이스토세에 서식한 동식물로부터 진화하여, 때마침 한랭 기후에 적합한 많은 생물이 툰드라나 사막과 초원에 살았다는 것이 알려졌다. 그 증거가 되는 이들 생물 화석이 소련과 폴란드에서 발견되었다.

그중에서도 대표적인 것은 울리 매머드(Wooly Mammoth, 털이 난 매머드)와 울리 라이노세로스(Woolly rhinoceros, 털이 난 코뿔소)였다.

코끼리 선조를 더듬어 가면 지금부터 5,000만 년 전의 고제3기(古第三紀)까지 거슬러 올라가 메리테륨이라는 돼지 정도의 크기밖에 안 되는 동물에까지 이른다(나일지방 파이윰에서 화석이 발견되었다). 그것이 나중에 피오미아를 거쳐 마스토돈과 스테고돈으로 변화하였고(신제3기), 제4기가 되자 나우만코끼리와 매머드 등의 엘레파스 단계에 들어가 진화되어 왔다.

울리 매머드는 지금부터 약 100만 년 전의 퀸츠 빙기 때 빌 라프란키언기의 남방코끼리로부터 한랭에 적응한 체질, 체형으로 돌연변이한

그림 1-26 | 절멸한 대형 동물들

스텝 매머드라 불리는 코끼리를 조상으로 하는 동물로서, 다음 리스 빙기에는 더욱 진화하여 한랭한 언 대지를 누비며 나무가 없는 툰드라의 은색 세계에 군림한 초식동물이었다.

어깨 높이는 4.5m나 되고 전신에 강모(剛毛)가 났고, 강모 밑에는 노랑 울상의 솜털이 있고, 피부 밑에는 두꺼운 피하지방층을 가졌다. 상아 길이는 5m나 되었고 밑으로 크게 휘었다. 상아 바깥쪽이 많이 마모되었는데 매머드가 눈과 툰드라를 상아로 헤치면서 풀을 찾았다는 흔적이다.

이 장대한 동물은 현재 박물관에서 관객의 눈을 끌 뿐만 아니라, 당시의 사람들에게도 인상이 컸던지 동굴 벽에 그린 매머드 모습이 가끔 발견된다.

매머드에 대해서는 그 이빨과 상아, 그리고 뼈가 화석으로 남았을 뿐만 아니라, 시베리아와 알래스카에서 냉동된 시체가 발견되어 그 모습이 완전히 복원되었다.

방사성탄소동위원소법에 의한 연대 결정 결과, 냉동 시체의 연대는 지금부터 4만 5,000년부터 1만 2,000년 경의 것이었다. 이 매머드는 뷔름 빙기 말까지 살아남았고, 빙기가 끝난 직후에 알래스카 근방에서 죽은 것이다.

소련의 베레소프까에서 발견된 냉동 시체를 조사한 결과, 많은 상처가 나 있었고, 매머드가 구덩이에 빠져 즉사했을 것이라고 생각한 사람이 있었다. 이와는 달리 매머드가 풀을 찾아 강가를 가다가 벼랑이 무너져 물 속에 빠져죽었다고 생각한 사람도 있었다.

내장 중에서 위는 그다지 썩지 않았고 먹은 풀이 소화되지 않은 채 남아 있었다. 꽃가루를 분석하였더니 이 풀은 툰드라 지대의 식물임이 밝혀졌다. 또 그 풀씨는 아직 미숙하였으므로 매머드가 분명히 초여름에 죽었다는 것을 보여 주었다. 이 동물은 마치 라인사슴처럼 여름에는 툰드라 지대에까지 북상하고, 겨울에는 더 따뜻한 남쪽 스텝(초원) 지대로 남하하여 생활한 것으로 추정되었다. 또 베레소프까의 매머드는 뷔름 빙기 중에 죽은 것이 아니고, 오히려 비교적 따뜻한 간빙기에 죽었다고 추정되었다.

이 장대하고 힘센 매머드도 인간에게는 이길 수 없었던지, 인류 유적에서 매머드 뼈가 많이 나왔다. 아마 크로마뇽인이나 우리의 선조인 호모 사피엔스에게 잡혀 죽고, 먹힌 것 같다.

털이 난 매머드 이외에도 시베리아 지방에서는 동물의 냉동 시체가 수많이 발견되었다. 시베리아 동북부에서 나온 야생마, 같은 지방 브노르까라끄강 근처에서 발견된 들소와 두 종류의 털이 난 코뿔소(울리 라이노스)는 연대 결정에 따르면 베레소프까의 매머드와 같은 연대거나, 3만 7,000년에서 1만 5,000년 이전의 시체였는데 사인도 매머드와 같았다고 생각된다.

울리 라이노스는 아시아 북부의 빌라프란키언기(빙기 전의 온난기)의 코뿔소로부터 진화한 것이며, 같은 리스기이긴 하지만, 세 번째 빙기에 유럽 대륙에 침입한 것이다(북아메리카 대륙에는 가지 않았다). 가장 잘 보전된 시체는 냉동된 것이 아니었고, 기름 또는 소금물 속에 잠긴 것이었다. 이것은 머리에서 엉덩이까지의 길이가 3.5m나 되고, 꼬리도 0.5m나 되는

그림 1-27 | 사향소는 자신들이 가진 특별한 성질 때문에 사람 손에 잡혀 죽었다.

큰 동물이었다. 당당한 제1뿔과 그것과 세로로 나란히 작은 제2의 뿔이 나 있었고 첫째 뿔은 눈을 제치고 풀을 찾을 때 사용하였다고 추정된다.

매머드는 뷔름 빙기 후에 절멸하였는데, 확실한 증거는 없지만 인간이 멸망시킨 것 같다. 울리 라이노스도 지금은 절멸되었지만 이를 닮은 북극대(北極帶) 동물이 몇 종 있다. 그들은 모두 퀸츠 빙기 때부터 대륙의 북부에 나타났는데 그 최성기는 마지막 뷔름 빙기였던 것 같다.

실례를 들면 '툰드라 라인사슴'과 '순록', '사향소'(소와 양의 중간체로 수컷은 사향 냄새가 난다) 등이다. 라인사슴과 순록은 지금도 유라시아 대륙에 살아남았는데, 사향소는 유럽에서는 거의 절멸하였다. 사람 손에 한 마리도 남김없이 죽은 것으로 추정된다.

왜냐하면 이 동물은 특별한 성질을 가졌으며, 무리가 무언가에 놀라면 그에 대해 직교되도록 1열로 나란히 선다. 이 대열을 지음으로써 그들은 적이나 찬바람에 대해 벽을 만들며, 갓난 새끼를 그 뒤에 보호하는 살아 있는 병풍이 되기도 한다. 그러나 무기를 가진 인간에게는 이런 대열은 공격하기 쉽고, 유럽 대륙에서 그들은 전멸되는 고배를 맛보았다.

베링해를 건너 아메리카 대륙에 건너간 사향소는 잘 살아남았고, 지금도 생존해 있다. 그밖에 오소리류와 레밍 따위의 쥐과 동물, 바다표범을 잡아먹는 북극곰 등도 이런 종류의 동물이다.

대형 포유동물의 절멸

지금까지 반복하여 얘기한 것 같이 제4기는 빙기와 간빙기가 교대된 시대였다. 이 시기는 특히 포유동물이 대형으로 된 특징 있는 시대이기도 하였다. 그리고 제2장에서도 얘기하는 것처럼 말기가 되자 인류가 발생하여 폭발적으로 늘어나기도 했다.

최종 빙기인 뷔름 빙기가 끝나고 간빙기에 들어서기 시작하자 기묘하게도 대형 포유동물이 급속히 소형화하여 왜소해졌고 나중에 일방적으로 소멸되어 태반이 지구상에서 그 모습을 감추어 버렸다. 이것은 대체 어떻게 된 일인가?

그래서 다시 한번 빙기에서 간빙기로 이행하는 도중의 기후 변동에 대해 차분히 생각해 보자.

빙기가 끝난 뒤 대기온도는 온난한 상태로 회복되려 하였다. 그렇지만 얼음은 큰 융해 잠열(潛熱)을 가지고 있기 때문에 쉽게 물로 녹지 않는다. 녹지 않고 얼음에서 직접 수증기로 승화하기도 하는데 이렇게 하여 생기는 수증기량은 극히 적다. 그 결과 상대적인 습도는 빙기 종말기에 비해 갑자기 감소하였다.

이러한 간빙기 초기 습도의 감소로 말미암아 이상건조 현상이 생겨 특이한 기상 상태가 된다. 암스테르담대학의 판 데르하멘에 의하면 이러한 이상 기간은 간빙기 전체의 약 3분의 1에 걸쳐 장기간 계속되었다고 한다.

뷔름 빙기가 지난 뒤 홀로세가 시작하자 3,000~4,000년간은 건조기가 계속되었다고 생각되며, 그 뒤 가까스로 대기 중의 수증기량이 증대하여 6,000년 전에는 기온과 습도가 극댓값이 되었다.

또 간빙기가 끝나고 다음 빙기가 시작할 때에는 기온이 급속히 내려가는 한편, 수증기가 쉽게 결로(結露)하거나 결빙(結氷)하지 않는다(잠열의 출입을 수반한다). 그 결과 대기 중에 다량의 수증기가 잔류하여, 춥고 축축한 상태가 빙기의 처음 3분의 1에 이르는 기간 동안 계속한다고 한다.

빙기-간빙기의 접속기에 앞에서 얘기한 이상 기후가 나타난다고 생각하면 된다. 요컨대 간빙기 초에는 습도가 감소하고 건조하며, 빙기 초에는 증대한다.

그럼 얘기를 시작으로 되돌려 뷔름 빙기가 끝나고 간빙기가 시작할 무렵에 대형 포유류가 급속히 왜소화하고, 이어 그중 많은 종이 절멸한 원인에 대해 생각해 보자.

앞에서 얘기한 것처럼 이 즈음 대기가 건조하였으므로 툰드라 지대, 그 남쪽에 있는 스텝 건조지대, 또 그 남쪽 침엽수림지대에서는 수분이 감소하여 대형 초식동물의 식량이 부족했다. 이런 조건은 소형동물에게는 반대로 유리하였다. 동일종의 동물에서는 소형이 우성이 되는 경향은 마찬가지이다. 유리한 체형으로 향해 진화가 일방적으로 진행하는 것일까(다위니즘)?

건조로 인해 수분이 결핍되면 어떤 종의 동물의 서식지가 감소하여, 한정된 지역 내에서 동계교배(근친교배, *inbreeding*)가 빈번히 일어난다.

그림 1-28 | 예전에 번영하였던 동물들

그 결과로 소형화되어 왜소화가 촉진되는가?

다위니즘적인 순응과 동계교배가 동시에 일어나 더욱더 왜소화가 진행되었는가? 유감스럽게도 지금으로서는 뭐라 판단하기 어렵다.

본격적인 간빙기가 되어 갖가지 사정이 호전되면 동물의 대형화는 언제라도 재현될 수 있다. 동계교배에 따른 소형화는 개체의 약체화와 열화를 수반하기 쉽고, 그 때문에 종의 절멸이 일어났다고도 추정된다.

제4기에는 몇 번씩이나 간빙기가 닥쳤고, 각 간빙기 초에는 마찬가지 건조기가 일어났기 때문에 이 시기마다 당연히 대동물이 절멸하였다고 생각된다.

몇 번씩 일어났던 제4기의 간빙기나 빙기 초에 절멸을 포함한 진화는 분명히 일어났다. 그러나 소멸종이 생겨도 후계자가 반드시 있어서 모습과 형은 다르지만 같은 종의 동물이 다음 빙기, 간빙기에 지상에 살아남았다. 각종 동물이 모두 소멸한 것은 아니었다.

예를 들면 에트루스칸 코뿔소는 메르크 코뿔소에 이어졌고, 세발굽 히파리온은 한발굽 히파리온으로 대체되었다. 에트루스칸 늑대는 현재의 늑대에, 이소알형 살쾡이는 현재의 살쾡이가 되었다. 현재의 큰사슴은 가릭 큰사슴 후계자에 지나지 않는다.

그런데 앞에서 얘기한 것 같이 제일 마지막 빙기 뒤에 일어난 대형 동물의 변화, 특히 그 소멸은 극적인 사건이었고, 제4기 초나 중순에서는 결코 볼 수 없는 사건이었다.

사향소나 매머드가 사람 손에 걸려 모조리 죽은 얘기는 앞에서 했다.

그 고기는 사람의 식량이 되었고, 상아와 뼈는 도구로 이용되었다. 또한 울리 라이노스(코뿔소)와 오스트레일리아의 머드피이얼(하마) 등도 같은 운명이었던 것 같다.

리스 빙기가 닥쳐도 유럽 대륙에는 그래도 대형 포유류인 하마, 직아(直牙)코끼리, 메르크 코뿔소 등이 간빙기에 번성하였다. 그리고 빙기에는 지중해변까지 피난하여 3만 년까지 거기서 살아남을 수 있었다.

코뿔소는 유럽에서는 절멸하였으나, 아시아 대륙에서는 살아남았다.

그러나 뷔름 빙기가 되자 기어코 소멸했다. 매머드는 1만 3,000년 전에, 동굴곰은 9,000년 전에 막달레니아인(신석기인)에 의해 모두 잡혀 죽었다.

아일랜드 큰사슴, 사향소, 스텝 들소가 죽자 이들을 잡아먹고 살던 육식동물도 운명이 끝났다.

아시아 동북부에서는 코디악 곰이, 그리고 남방 스텝 각지에서는 사자가 눈에 띄게 소형화하고 왜소화되었다. 특히 인간은 북아메리카에서 대형동물을 대량으로 학살하였다. 지금부터 1만 1,000년경에 3,000년이라는 극히 단기간 안에 '자이언트 비버', '사각뿔 순록', '긴코 페카리', '거대평원 살쾡이' 등 많은 종과 수의 포유류가 잡혀 죽었다. 무서운 늑대는 8,000년 전에 사멸하였고, 옛코끼리(舊象)인 아메리카 마스토돈은 6,000년 전까지는 살아남았다가 이때 멸망했다. 루아노족이라 불리는 수렵민족의 흉폭한 행위였다.

홀로세가 되자 호모 사피엔스라 불리는 우리 인간의 조상이 크로마뇽

그림 1-29 | 아프리카 대륙에서는 지금도 동물이 사람에게 잡혀 죽고, 절멸되고 있다.

인 뒤를 이어 나타나 신석기를 써서 사냥을 하였다. 신석기는 네안데르탈인들이 사용한 구석기에 비하면 훨씬 강력할 뿐만 아니라 날카로운 끝과 날을 가졌다.

이 석기와 머리를 쓰는 호모 사피엔스의 사냥 때문에 대형 포유류는 치를 떨고 갈 바를 몰랐고, 가엾게도 각 대륙의 대지로부터 모습을 감추었다.

그러나 아프리카 대륙에는 상당히 다량의 동물이 남았는데, 근년에 와서 각 국가가 독립되자 대대적으로 수렵이 실시되기도 한다. 이제 아프리카도 코끼리나 침팬지의 천국은 아니다.

대륙의 재회

지금부터 1억 년 전에, 백악기 이전부터 그때까지 하나 또는 두 덩어리였던 큰 프로토 대륙이 유라시아, 북아메리카, 남극 대륙, 남아메리카, 인도 및 오스트레일리아 대륙으로 쪼개져, 그때 벌써 포유동물과 속씨식물에까지 진화한 식물을 싣고 해양 맨틀을 타고 표류하기 시작하였다. 그리고 제3기 중순에는 거의 현재의 위치까지 다다랐다. 이것은 '대륙 이동'이라고 하는데, 독일의 기상학자 베게너가 처음으로 알아차리고 발표하여 세계를 놀라게 한 유명한 학설이다. 베게너 이전에도 테일러나 슈나이더 등도 비슷한 가설을 내세웠지만 너무 당돌한 가설이었던 점과 설명에 합리성이 부족한 점 때문에 무시되었다. 그러나 베게너의 이론은 비로소 사람들의 눈을 끌 만한 매력 있는 시점을 가졌었다(그림 1-30).

그래도 이 이론은 많은 반론에 부딪혀 극히 최근까지(2차 세계대전 후까지) 지질학자뿐만 아니라 지구물리학자들이 강력히 반대했었다.

그즈음 실험지구물리학 분야에 전자기학을 응용하는 새 분야가 영국, 프랑스, 일본에서 탄생되어 베게너의 가설은 실증되기 시작하였다.

지구는 그림 1-31처럼 하나의 거대한 자석을 지구핵 내에 가졌다. 자석의 양극은 남극점에, 음극은 북극점 가까운 곳에 있고, 두 자극을 잇는 직선이 지표와 교차되는 곳을 자남극 및 자북극이라 한다.

자남극으로부터 눈에 보이지 않는 자력선이 지구 밖으로 뻗어 나와

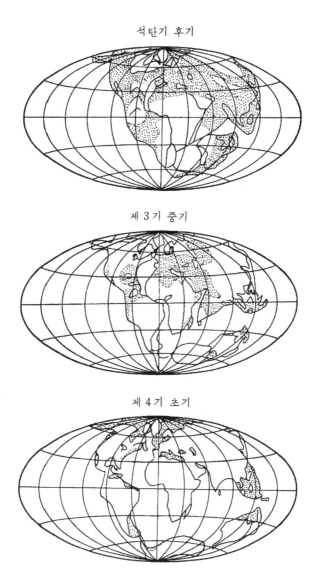

석탄기 후기

제 3 기 중기

제 4 기 초기

그림 1-30 | 베게너의 이론에 의한 대륙의 분열과 이동. 석탄기(약 3억 년 전), 제3기(약 3,000만 년 전), 제4기(약 200만 년 전)의 바다와 대륙의 분포

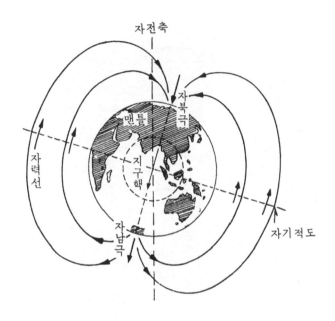

그림 1-31 | 지구는 거대한 자석이다.

지구 주위를 그림 1-31처럼 둘러싸고, 자북극에 흡수되는 것 같이 되돌아온다.

자력선은 자남극에서는 수직으로 위로 향하고, 자북극에서는 아래로 향한다. 또 자기적도대에서는 수평으로 북을 가리킨다.

북반구에서는 두 자극과 자기적도 중간에서 자력선은 북을 가리키지만, 수평도 아니고 연직 하도 아니어서 그 중간을 향하며, 수평면과의 경사 각도는 간단한 위도 함수로 표시되고 복각(伏角)이라 한다. 한편 남반구에서는 자력선이 가리키는 방향은 수평도 아니고 바로 위도 아닌 중간 방위여서, 그 각도는 북반구와 마찬가지로 위도의 간단한 함수로 표시된다. 복각은 수평보다 위를 향하여 앙각을 나타낸다. 그런데 각 대륙에서는 오랜 지질학적 시간이 경과함에 따라 호수 바닥에 지층이 퇴적한다. 이때 미립자인 자철강이 침전, 고결하여 지층 전체가 자석이 되기도 한다. 또 화산에서 용암이 유출하여 냉각될 때 용암 중에 있던 자기광물이 자화한다. 이 암석의 자화방위는 당시의 지구자기장의 방향과 평행하고, 그 강도에 비례한다. 그리하여 암석을 채집하여 측정기로 그 자화방위와 강도를 조사하면 옛날 지자기 벡터가 재생되고, 각 시대순으로 배열하여 비교하면 각 대륙에서 지자기의 시간 변화를 연구할 수 있다. 영국에서는 이 사실을 주목하여 고생대, 중생대, 신생대의 지구자기장의 방향과 강도 변화를 조사하는 데 성공하였다.

런던대학의 블래킷 교수와 뉴캐슬대학의 랑콘 교수가 연구를 주도하였다. 두 교수와 그 제자들은 인도, 북아메리카, 남아메리카, 오스트레일리아, 유럽 대륙으로 가서 각 시대의 암석을 채집하였고, 그 암석들의 자화방위를 결정하여 종합적으로 각 지질지대의 복각을 구하는 데 성공하였다.

베게너가 말한 것 같이 중생대 중순까지 각 대륙이 분리되지 않고 한 덩어리로 된 집합체였다면 아프리카, 남아메리카, 남극 대륙, 오스트레일리아, 인도 등이 바다를 사이에 두고 떨어지지 않고 서로 접촉된 상태였음에 비추어 옛날 위도에 대응할 만한 복각을 가질 것이다.

베게너가 지적한 것 같이 측정 결과는 옛날에 분명히 한 덩어리였던 대륙의 집합체가 마침 중생대 중순부터 분리하여 지구 표면을 표류하였다는 것을 지지하는 결과가 나왔다. 베게너의 대륙표류설에 믿음직한 증거가 나타나자, 그렇다면 왜 대륙이 이동하는가를 진지하게 생각할 필요가 생겼다. 이제 아더 홈즈가 제창한 맨틀대류설이 다시 거론되었다. 고체인 맨틀도 마치 초처럼 점탄성적인 성질을 가졌고, 지하 깊숙이 데워진 부분이 열팽창하여 부력을 받아 상승하여 맨틀 표면에까지 부상하고, 솟아나와 거기에서 냉각된다. 그 뒤 분출구로부터 수평방향으로 방향을 바꿔 흘러 해양 속을 흐르는 동안에 무거워짐과 동시에 맨틀 표면류(表面流)에 실려 흐르는 대륙에 충돌하면 방향을 바꿔 흘러 맨틀 심부에 되돌아간다는 메커니즘이 생각되었다.

그 뒤 이 생각은 해양저질의 확대설로 자연스럽게 발전하여 갖가지 지구물리현상이 설명되어, 일본 열도 밑의 지진 발생 원인에까지 확대된 것은 유명한 이야기이다. 이 얘기는 여기서는 제쳐놓기로 하고 대륙 이동을 초래한 대륙 재배치와 제4기 생물 이동의 중요한 관련성에 관해 얘기하겠다.

제4기가 시작되는, 지금부터 200만 년 전이 되자 대서양, 남극해, 인도양이 태평양과 더불어 해양저의 확대 결과 아주 넓어졌다.

그리고 분열하여 표류한(확대하는 해양저 위에 뜨는 동시에 저질과 더불어) 각 대륙은 갈 데까지 갔고, 드디어 북아메리카와 유라시아 대륙은 베링 해협에서 충돌하였고, 남아메리카와 북아메리카 대륙은 파나마지협에서, 유라시아 대륙과 아프리카는 지브롤터, 수에즈, 요르단 지역에서 충

그림 1-32 | 북극 상공에서 내려다 본 육교

돌하여 육지로 이어졌다. 분리하였던 많은 대륙이 다시 만났다. 각 대륙
은 무한한 평판 위를 표류한 것이 아니고, 한정된 좁은 구면 상을 이동하
였기 때문에 조금 움직여도 서로 접촉된다.

대륙과 대륙의 접점 중에 지브롤터 해협은 깊어서 제4기에 일어난 해
수면 저하에 의한 해안의 후퇴에도 불구하고 육교가 생기지 않았다. 그
런데 베링해와 그밖에 순다해, 타이완 해협 하이폰 해협, 필리핀 해협, 일
본에서는 대한, 쓰가루, 소오야 해협, 세도나이카이, 그 밖의 많은 해협
에 육교가 생겨 얕은 바다에 점재하는 군도는 합병되어 넓은 플랫폼이 되

그림 1-33 | 지중해 주변의 육교

었다. 그렇게 되자 식물과 동물은 이 육지의 갈 수 있는 데까지 이동하여, 광대한 여러 대륙에 침입하여 신 대륙에서 크게 번영할 수 있었다.

그러나 남극 대륙과 오스트레일리아 대륙은 끝내 다른 어느 대륙과도 접촉하지 못하고 고립 상태가 되어 현재에 이르렀다. 다만 오스트레일리아 북쪽에 있는 뉴기니나 근처의 군도와는 빙하기에만은 합쳐 광대한 플랫폼을 형성하였다. 오스트레일리아에 사는 유대류는 대륙 이동이 일어나기 전부터 살던 동물이다. 분리된 이래 고립 상태가 되자 다른 대륙에서는 절멸하였지만, 오스트레일리아에서는 천적이 없어 현재까지 살아남을 수 있었다고 생각된다.

오스트레일리아-뉴기니 플랫폼은 끝내 순다 플랫폼과는 접촉 못 하고 말았다. 셀레베스섬도 다행인지 불행인지 몰라도 좌우에 있는 플랫폼과는 합치지 않고 1억 년 이상이나 고립된 채 현재에 이르렀다.

지중해도 예상 밖으로 깊어 그 가운데 섬들은 고립된 것이 많다. 예를 들면 코르시카섬과 그리스 근처의 여러 군도는 대륙과 이어졌지만, 다른 섬들은 제4기의 전 기간에 걸쳐 고립되었다.

퀸츠 빙기에는 그다지 큰 빙하가 형성되지 않았는데, 리스 빙기나 다음 뷔름 빙기에는 바닷물이 빙하가 되어 육상에 얹혔고, 해수면이 200m에서 100m까지 저하했다. 그 결과 해안에 가까운 대륙붕은 육지화하여 그만큼 대륙이 커졌다. 대륙의 재결합 부분은 복도 지대가 되어 인간을 포함한 많은 동식물이 거기를 통해 구 대륙으로부터 신 대륙으로 (또 그와 거꾸로) 이동하였다. 신 대륙에 건너가서도 더 남하하여, 드디어 파나마 복도를 통과하여 남아메리카까지도 생물이 이동하였다.

남아메리카는 인간에게는 최후의 도달지였다. 고립된 섬이나 플랫폼에 침입하는 동식물의 수와 종류는 극히 한정된다. 예를 들면 순다와 오스트레일리아 플랫폼은 전혀 다른 종의 동물계로 점령되었다. 그 대비는 특히 현저하며, 월리스가 처음으로 그 상이점을 주목하여 그 이름이 붙여진 '월리스선'이 두 플랫폼 사이에 그어졌다.

순다 플랫폼은 아시아적 영향을 받아 빌라프란키언시대로부터 진화한 시바, 말라얀계 동물군, 북부 중국계 동물군, 예를 들면 긴팔원숭이, 고슴도치, 맥, 코끼리, 코뿔소 등이 번성하였다.

이와는 대조적으로 월리스선의 동쪽이 되는 오스트레일리아 플랫폼에는 캥거루, 왈라비(작은 캥거루), 코알라, 몬바트(작은 곰을 닮은 유대류) 등

필리핀남고도
할르마혜라고도
월레스선

순다 플라토

뉴기니 오스트레일리아 플라토

그림 1-34 | 오스트레일리아 플랫폼

이 서식하고 있다.

　셀레베스섬은 두 플랫폼 중간에 있으면서도 양쪽 바다가 깊어서 드디어 장기간에 걸쳐 어느 쪽에도 귀속되는 일 없이 고립상태가 되었으며 본섬 주변의 작은 군도는 과거에 몇 번씩이나 수몰된 역사를 가졌다.

이 섬에 사는 동물은 바다를 넘어 날아온 박쥐나 강력한 수영선수인 동물 가운데서 코끼리, 돼지, 들소 따위, 또 유목을 뗏목으로 타고 표류한 작은 동물의 자손들이다. 그리고 극히 특수한 동물로 분파하였다.

이 섬에는 특수하게 왜소한 피그미 코끼리가 있다. 이 코끼리는 스테고돈 코끼리(절멸종)인데 빌라프란키언 시대로부터 널리 유라시아나 북아메리카에 살던 코끼리의 반 정도밖에 안 되는 소형이다. 수컷의 두 상아 사이의 간격이 좁아서 코가 그 중간에 있지 않은 괴상한 모습을 한 특수한 왜소 코끼리인데, 셀레베스섬이 장기간에 걸쳐 고립된 데 그 원인을 구해야 하겠다.

이와 비슷하고 더 왜소화한 코끼리는 지중해의 고립된 섬에 살았다. 이는 간빙기에 해수면이 100m 정도 상승하여 섬의 넓이가 좁아졌기 때문에 서식지도 좁아져 왜소화하였다고 한다. 예를 들면 말타섬의 포니 코끼리는 키가 겨우 1m밖에 안 되었다.

왜소화한 코끼리는 코를 높이 들어 올려 호흡하면서 잠수함처럼 바다 속을 헤엄치거나 바다 밑을 걸어서 건널 수 있었고, 이때 코로부터 후두부에 붙은 주머니에 들어간 공기는 코끼리에게 큰 부력을 주었다고 한다.

1~2억 년 전에 대륙 이동으로 서로 분열한 대륙도 극히 단시일 안에 다시 만났으므로 동식물은 대륙 간의 접합지대를 통하여 엇갈려 혼합되었다. 그러나 오스트레일리아, 뉴기니, 셀레베스섬, 지중해의 섬들은 절해의 대지나 군도로서 격리되어 밀실이 되었기 때문에 거기서는 생물이 특수하게 진화하였다.

빙하의 수수께끼

빙하는 고생대 캄브리아기가 되기 직전에 한 번, 또 석탄기(종말부터 페름기에 걸쳐)에도 한 번 지구를 찾아왔다. 제4기에는 무려 여섯 번이나 닥쳤다. 지구의 가장 오래된 역사시대에서는 전캄브리아 중기에도 몇 번인가 빙하가 지구를 덮었다고 한다.

어느 연구자는 빙하는 상당히 규칙적으로 일어났으며 2.5 또는 3억 년의 주기로 되풀이되었다고 했다.

그러나 제4기는 200만 년 정도의 짧은 시대였고, 그 동안에 몇 번이나 빙하가 갱신하였으므로 더 짧은 주기였다고도 하겠다.

그렇지 않고 다음과 같이 생각되기도 한다. 긴 억 년이라는 장주기로 빙하가 반복된다. 일단 빙기가 되면 단기간의 빙기와 간빙기가 교번전류처럼 교대로 되풀이하여 일어나고, 마지막 간빙기에서 끝난다. 그럼 왜 빙하가 생길까?

앞에서 얘기한 것 같이 대륙은 중생대에 분열하여 대이동 하였다. 그 때 어느 대륙이 북극 또는 남극 지대를 통과하면 대륙 상에 얼음이 언다. 고위도 지방에서는 설선이 내려오고 남극에서는 설선 높이가 최저가 된다는 것은 벌써 얘기했다.

따라서 통과 중인 대륙의 산지에 얼음이 발생하는 것은 당연하다. 생긴 얼음은 태양광선을 거의 전반사한다. 눈이나 얼음 지대가 확대하면 급

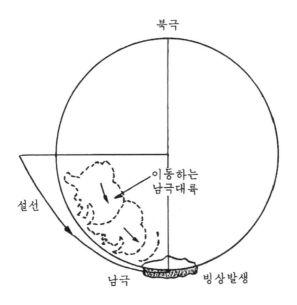

북극

이동하는
남극대륙

설선

남극   빙상발생

그림 1-35 | 남극대륙이 이동된 것이 제4기에 일어난 빙기의 원인이 되었는가

속히 지구 대기가 저온이 되고, 빙원은 더욱 확대하여 눈덩이를 굴릴수록 커지는 식으로 빙기가 닥친다. 과연 그렇게 되는가?

제3기 직전에 남극 대륙이 현재의 위치 근처까지 이동하자 얼음이 얼기 시작하여 본격적인 제4기 중의 빙기의 원천이 되었다고 생각할 수 없을까?

이와는 전혀 다른 생각도 있다. 히말라야산맥은 백악기 말부터 솟아오르기 시작하여 제3기에 전성기를 맞았고, 제4기에 이어졌다. 그리고 빙하가 발생하였다. 빙하와 조산운동은 아무래도 상관관계가 큰 것 같다. 고생대의 칼레도니아, 바리스칸, 애팔래치아 조산운동도 빙하의 원인이

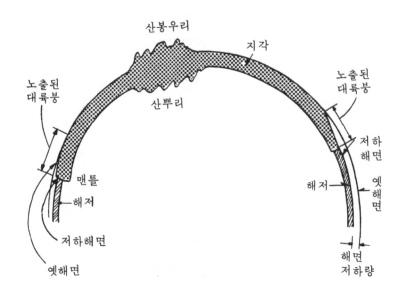

그림 1-36 | 큰 산맥의 탄생이 빙기를 유발한다는 설

된다. 그 이유는 무엇일까? 대산맥이 만들어지려면 대륙지각이 습곡하여 한곳에 몰려야 한다. 그렇게 되면 대륙은 압축되어 넓이가 줄고, 새로운 해면이 생겨 바닷물이 들어가는 그릇의 부피가 증대하는 셈이 된다. 해수량은 거의 일정하고 그다지 변화하지 않으므로 해면이 100~200m나 내려가게 된다. 이 때문에 대륙붕이 육지화하여 육지 주위에 광대한 건조지대가 생긴다. 건조지대는 태양열을 보존하는 힘이 약하고, 바닷물은 세다. 그 결과 지구 전체에 도달되는 태양열은 보다 더 우주 공간에 반사되게 되므로 온도가 저하하여 빙기가 된다는 3단 또는 4단 논법적인 견해

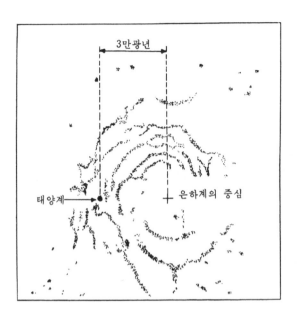

그림 1-37 | 태양계가 은하계 우주진 속을 통과하면 지구에 빙기가 닥친다는 설

가 나왔다.

한편 설선과 해수면 사이의 거리는 거의 일정하므로 해수면이 저하하면, 설선도 동시에 저하하여 만년설에 덮이는 산악지대가 급격히 늘어 빙하가 더 빨리 조성된다.

지구 온도는 태양광선과 평형 상태에 있다. 태양광선량이 변화하면 지구 온도도 당연히 변화한다. 그리고 태양계가 은하계의 우주진 속을 통과할 때 태양광선이 차단되는 결과 지구상에 빙하가 닥친다고 생각한 사람도 있었다. 그러나 천문학자에 의해 관측된 먼지의 두께는 아주 얇고,

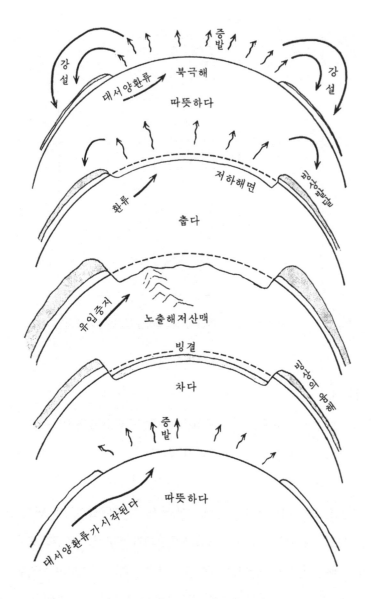

그림 1-38 | 유잉과 돈의 빙하발생설

문제가 될 기후 변동을 일으키지 못한다. 태양 자체의 복사량이 주기적 또 비주기적으로 변화하므로 빙하가 생길 만한 기후의 한랭화가 일어난다는 사람도 있는데, 이것도 아직 충분히 정량적인 증거가 제시되지 못했다.

1950년에 M. 유잉과 W. 돈은 대단히 매력적인 빙하발생설을 발표하여, 왜 빙기와 간빙기가 교대로 반복되는가에 대한 분석을 시도하였다.

이 설명은 간빙기로부터 시작하는 편이 이해하기 쉽다. 따뜻한 간빙기에 북극해에 대서양의 난류가 흘러 들어가면 넓은 북극해의 해면에서는 물이 증발했다. 수증기는 빨리 냉각하여 눈이 되어 북극해 주변 산지에 쌓인다. 증발이 계속되어 적설이 증대하면 해수면 저하가 일어난다. 그렇게 되면 드디어 아이슬란드와 페로즈를 연결하는 해저산맥이 해면상에 드러나 대서양의 난류가 북극해에 들어가지 못하게 된다.

그렇게 되면 북극해는 냉각되기만 하고 얼음이 얼어 해면으로부터 수증기가 발생하지 않아 눈이 내리지 않게 된다. 그리고 나면 대륙 빙하는 점차 평지로 향해 강하하여, 결국 녹아 없어진다. 그렇게 되자 기온과 해수면이 상승하여 다시 태평양 난류가 북극해로 유입하게 되고 다음 주기가 시작된다.

이 이론에 의하면 따뜻한 북극해가 빙하의 전제조건이 되며, 반대로 한랭해져서 얼어붙은 북극해가 온난화의 전제조건이 되기 때문에 일반 사람에게는 이해하기 어렵게 된다. 그러나 빙기와 간빙기의 반복을 잘 설명한 흥미 깊은 학설이었다.

그뒤 알래스카 최북부가 되는 북극해 지방에서 꽃가루 분석이 실시되었고, 이 학설이 말한 대로 바다가 동결되었어야 할 시기에 실제로 대서양으로부터 난류가 유입하였다는 사실이 밝혀져 큰 모순에 부딪쳤다.

지구상에 생물이 발생하는 것은 뜻밖에 용이하였는데, 왜 빙하가 발생하는 것은 이렇게 어려운가? 빙하의 수수께끼는 풀기 어렵고, 가설도 너무나 많다.

나중에 제3장에서 얘기하는 천문학적 이론을 응용해도 아직 빙하론의 본질을 해명할 수는 없다.

물은 몰린다

가령 빙하기의 초기처럼 지구 대기 온도가 급강하할 때는 높은 산맥 양쪽에는 물이 이상하게 몰리게 된다. 지구는 자전하므로 회전각운동량을 가진다. 지구와 함께 회전하는 대기도 역시 마찬가지이다. 해양으로부터 수증기가 올라와 바람을 타고 대기 중을 떠다닐 때, 바람은 향전력(向轉力, 코리올리의 힘)을 받는다. 그 결과, 예를 들면 북반구의 중위도 지방에서는 남서로부터 북동으로 향해 편서풍이 거칠게 분다. 그리하여 이 바람이 높은 산맥에 충돌하면 수증기는 차가운 고지에 닿아 결로(結露)하고, 산정을 넘어서기 전에 결빙된다. 또 이 얼음은 하기에 녹아 물이 되어 산을 타고 내려가 평야를 축인다. 산정을 넘은 바람은 수증기가 부족하여 극도의 건조상태가 일어난다(푄 현상). 그 결과 산맥을 경계로 하여 바람이 불어오는 지방에 물이 몰리고, 바람이 불어 가는 지방에는 부족하게 된다. 마치 추운 겨울에 일본 열도에서 보게 되는 기상과 같고, 이보다 대규모의 현상이 세계 각지에서 발생한다.

동해로부터 불어오는 바람은 열도의 등뼈가 되는 산맥에 부딪힌다. 그러면 동해 쪽은 큰눈과 녹은 물로 흠뻑 젖고, 태평양 쪽은 건조한 일기가 되는 것과 같은 관계가 된다.

산맥은 설사 낮더라도 비나 눈의 통과를 방해하는데, 한랭 시에는 특히 뚜렷해진다. 온난 시는 그 반대로, 바람 속에 포함되는 수증기량이 증

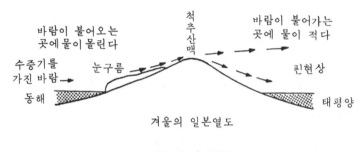

바람이 불어오는
곳에 물이 몰린다

바람이 불어가는
곳에 물이 적다

척추산맥

수증기를
가진 바람 → 눈구름

핀현상

동해

태평양

겨울의 일본열도

그림 1-39 | 핀 현상

대하고, 더욱이 산정도 따뜻하기 때문에 빙설이 발생하기 어렵게 된다. 그런데다 대기 중의 대류가 활발해지므로 수증기는 세계 중에 보다 균일하게 분포하려고 한다.

북아메리카의 로키산맥과 남아메리카의 안데스산맥은 거의 남북으로 길게 뻗어 태평양으로부터 불어오는 서풍을 가로막는다. 대기가 한랭해지면 수증기는 산을 쉽게 넘지 못한다.

히말라야산맥은 세계의 지붕으로 8,000m급의 봉우리들이 잇따른 큰 산맥이다. 그 산괴를 중심으로 좌우에 이어지는 버마나 문룬, 그리고 톈산산맥은 장관이다. 마치 병풍처럼 인도 대륙을 둘러싸고, 인도양에서 올라오는 수증기를 막을 뿐만 아니라 인도로 다량의 융수를 되돌려 보내므로 인더스 문명이 발생한 이래 현재까지 인간의 낙원이 되었다. 그리하여 산맥 뒤쪽, 즉 수증기가 불어 나가는 지방에 있는 중국, 시베리아는 장기간에 걸쳐 고도의 건조지대가 되었다.

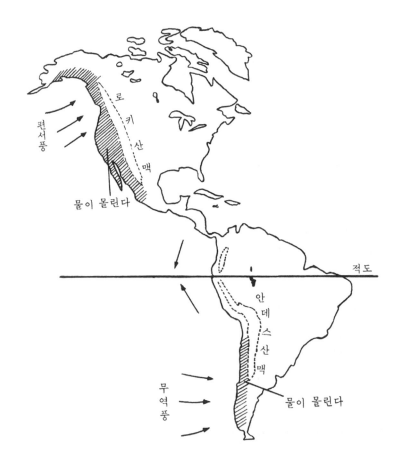

그림 1-40 | 남북아메리카 대륙의 바람과 산맥

　중국과 그리스를 잇는 실크 로드(비단길)는 히말라야의 북쪽에 있는 타클라마칸 사막을 지나간다. 이 고지에 사막이 생기는 것 자체가 뙨 현상으로 말미암은 결과에 지나지 않는다. 그 때문에 삼장법사는 인도로 가기

그림 1-41 │ 아시아 대륙의 바람과 산맥

위해 사로(沙鹵: 염분이 많은 모래땅)를 건너 고난에 찬 여행을 해야 했다. 빙기가 다가와 고위도 지방에 얼음이 발생하면 그 남쪽에 툰드라 지대 가, 그 남쪽에는 파크툰드라 지대가, 그리고 또 그 남쪽에는 초원과 사막이 마치 시종처럼 줄져 생긴다는 것은 앞에서 얘기했다.

아시아의 동부 변경이 되는 중국과 만주, 시베리아에서는 빙하의 시종들이 유럽보다 훨씬 장대하고 대규모적으로 생겼다. 이들은 각각 남북으로 넓은 띠 모양으로 넓게 분포하였는데 모두 히말라야, 버마, 쿤룬 및 톈산산맥의 영향이었다.

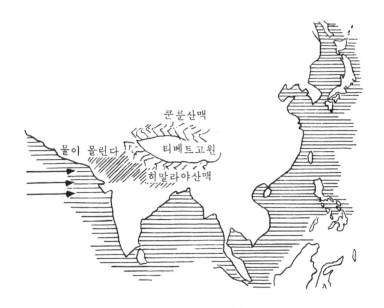

그림 1-42 ｜ 사막 가운데 서있는 피라미드와 스핑크스

이에 비하면 유럽 대륙에서의 물의 편재와 부족은 다소 소규모적이다. 이에 대해서는 다음에 얘기하겠다.

지중해 북쪽에는 거의 동서로 뻗은 알프스산맥이 지중해로부터 올라오는 수증기를 가로막아 북부 유럽을 고도로 건조한 지대로 바꿔버렸다.

대서양에서 오르는 수증기는 스칸디나비아반도의 중앙 산맥, 그리고 조금 낮은 영국의 중앙고지, 또 유틀란트반도에 있는 고지나 이베리아반도의 산지에 충돌하여 바람이 불어 가는 지방에는 큰 눈을 내리고, 바람 아래가 되는 독일, 폴란드, 체코슬로바키아, 소련과 시베리아 지방은 건조해진다.

그런데 지구는 벌써 상당히 이전부터 소빙기에 들어섰다고 믿어지고 있다. 또 여러 가지 이유로 이 소빙기는 서기 300년 즈음부터 시작되었다고 생각되기도 한다.

수증기를 품은 바람이 불어오는 지방이 습윤하고, 바람이 불어 내리는 지방이 건조하다는 물의 이상분포는 그리스도 탄생 후 얼마 되지 않은 무렵부터 시작하여 점차 각지에서 눈에 띄기 시작한 것 같다.

그때까지의 고온하고 다습한 세계는 사라지고, 불이 편재하는 차갑고 새로운 세계가 나타난 것이다. 그리고 세계 각지에 사막이 퍼진 결과 나일 강변의 피라미드는 다른 곳에서부터 이동해 온 사구(砂丘)에 묻히고, 옛날에 풍요했던 경작지는 건조할 대로 건조해져 불모지가 된 것 같다. 그리고 이 문명의 유산 주변에는 지금은 아무도 살지 않는다.

이란과 메소포타미아 문명도 같은 운명을 걸었다. 이 지방은 옛날 물이 풍부하였고, 뱃전에서는 노랫소리가 들려왔고 음악이 연주되었다. 그리하여 코끼리 떼가 강가에서 평화롭게 노닐었다.

지금 이 낙원은 건조할 대로 건조하여 풀도 나지 않고 한 마리 동물조차 살지 않고 있다.

그럼 소빙기가 더 진행하여 한랭화되면, 남극 대륙은 물론, 고위도의 알래스카, 라플란드 지방과 고도가 높은 알프스, 히말라야, 로키산맥 등의 만년설이 극히 서서히 증대하여 바다로부터의 수증기가 육지에 차게 된다.

그렇게 되면 해수면이 저하하여 가라앉았던 대륙붕이 수면 상으로 얼굴을 내밀고 건조하기 시작한다. 해수면과 비하면 건조대지는 태양광선을 보존하는 힘이 약해 지구가 받는 태양열을 더 많이 반사하여 우주공간으로 달아나게 한다. 그 결과 지구 표면온도는 내려가게 되고 앞에서 얘기한 것처럼 육지의 빙설량이 증대하여 은세계가 확대하게 된다.

은세계는 태양열을 거의 100% 반사하므로 더욱더 대지 온도가 내려가 급속히 빙기로 돌입하게 된다.

지자기가 역전되는 드라마

그림 1-43 | 마츠야마(松山基範, 1884~1958) 교수. 중력 흔들이로 한국, 중국 동북부의 중력 측정, 동해 해구의 해상 중력 측정, 중력편차계 연구 등 업적을 남겼다. 이른바 '마츠야마 역전자기장' 발견은 유명하다.

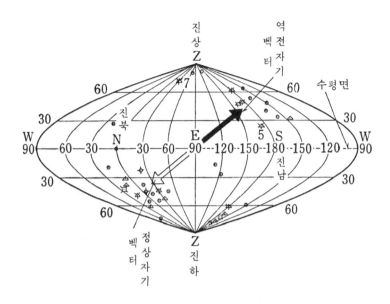

그림 1-44 | 마츠야마 교수가 측정한 암석의 자기 벡터 방향.
약 반은 정상이며, 그 밖은 역방향으로 분극되었다.

1929년 봄 일본 교토(京都)대학 마츠야마(松山基範) 박사는 지구자기장의 방향이 제4기 중기에서, 즉 지금부터 약 100만 년 전에 역전하였다고 발표했다. 이에 많은 사람이 놀랐다. 지구자기장의 방향이 역전한다는 것은 옛날 자북극이 현재의 자남극 위치로 된다는 것인데, 양극을 잇는 벡터가 마치 180° 방향을 바꿨음을 의미한다.

마츠야마 교수는 다음과 같은 관측 사실로 충분한 확신을 가지고 있었다.

첫째로, 100만 이전과 이후의 시대에 화산의 분화구에서 흘러내려 냉각한 화산암에 주목하여, 일본과 만주 각지로부터 자연에서의 방위(수평면과 자오면 등)를 바위 표면에 기록한 뒤 채집하여, 그 암석이 가진 영구자석 성분을 손수 만든 자력계로 검출하였다. 그리고 각지에 있는 야외의 암석이 어떤 방향으로 자화하였는가를 조사하였다. 그랬더니 100만 년 전 것은 현재의 지자기와 반평행으로, 또 100만 년 후의 암석은 평행으로 자화된 것이 밝혀졌다.

둘째는, 화산암은 고온에서 냉각되어 고체화되었고, 다시 그 온도가 야외에서 저하하여 암석 속에 포함되는, 예를 들면 자철광 같은 자기광물의 퀴리점을 통과하는데, 그 직후에 지자기의 세기에 비례하여 그 방향에 평행한 영구자석이 자연발생한다. 그리고 한번 자화하면 그 후 수억 년 이상이 지나도 자석에 변화가 전혀 생기지 않는 것이 알려졌다. 즉 암석 속에는 당시의 지구자기장이 화석으로 잔류한다. 마츠야마 교수는 직감적으로 중요한 두 가지 사항을 알아차렸다.

제4기 당시의 지구자기장이 암석 속에 갇혀 장기적으로 지하에서 잠자고 있다가, 마츠야마 교수 손으로 현재의 인간세계에 되살아났다.

화산암 외에 호수 밑이나 해저에 퇴적된 퇴적암도 화석 자기를 가졌다. 다만 자석의 세기가 극단적으로 약해서 당시의 자력계로서는 도저히 검출할 수 없었던 것에 지나지 않았다.

1838년 가우스가 지구 표면의 자력선 분포를 조사하여 지자기쌍극자(양극과 음극으로 분리한 성분)를 검출하는 데 성공하였다. 마츠야마 교수는 이와 똑같은 방법을 응용하여 암석 주위의 자력선 분포를 측정하여, 그것을

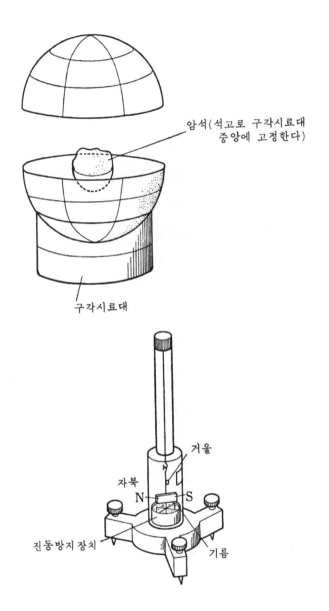

암석(석고로 구각시료대
중앙에 고정한다)

구각시료대

거울

자북

N　S

진동방지 장치

기름

그림 1-45 │ 마츠야마 교수가 만든 자력계

구면함수로 전개하여 문제의 화석자기를 구하는 데 성공하였다.

필자도 마츠야마 교수의 말단 제자인데, 마츠야마 교수가 정년퇴임하기 3년 전에 교토대학에서 배웠다. 그러므로 당시의 자력계나 측정법, 계산 방법을 학생 시절에 실제 경험하였다.

한 개의 강한 자석을 가는 실로 매단다. 자석은 측정실의 지자기 방향을 향해 북을 가리킨다. 시료암석의 영구자석 성분과 매달린 자석이 직교할 때, 후자는 지자기 방향을 근소하게 벗어나 옆을 향한다(그림 1-45).

이 벗어난 각도를 기틀로 하여 암석의 화석자기 성분을 산출한다. 화석자기 성분이 여간 세지 않으면 벗어난 각도가 커지지 않는다. 이렇게 되면 측정이 어려워 상당한 노력이 필요하다.

그런데도 직경 약 20㎝ 정도의 암석 덩어리를 100개 이상씩이나 채집하여 측정하고 결과를 정확하게 정리하였다. 그러고 나서 가까스로 발표 단계로까지 이끌고 갔던 것이다.

왜 지자기는 역전하는가? 이것은 지금도 어려운 수수께끼에 싸여 해결되지 않은 큰 문제이다. 마츠야마 교수는 이 수수께끼를 감춘 자연현상에 용감하게 파고들어 드디어 이 문제를 세상에 내놓았다.

참으로 기상천외한 발표라고 당시의 사람들에게 비쳤을 것이다. 왜냐하면 서방만능시대였던 그 당시 과학은 새로운 법칙이나 새 현상은 거의 외국에서 성과가 나왔기 때문이다.

이 지구자기장의 역전 현상의 발견과 그때까지 실시된 일본 열도, 일본 해구 및 만주에 관한 업적은 높이 평가받았다. 또한 마츠야마 교수는

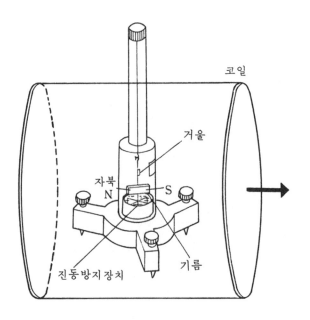

코일

거울

자북
N   S

진동방지장치   기름

그림 1-46 │ 코일에 전류를 통하여 지자기를 상쇄하는 방법

학사원상(等士院賞)을 받게 되고, 나중에 학사원 회원으로 선정되었다.

한 개의 자석을 사용하는 한 자석이 지자기에 구속되므로 여간 강하게 자화한 암석이 아니면 매달린 자석의 편차 각도를 크게 할 수 없다. 그래서 코일(헬름홀츠 코일)을 만들어 전선에 전기를 통하게 하여 코일 내에 자기장을 인공적으로 발생시켜, 그 방향을 지자기의 방향과 꼭 반대가 되게 한다. 그때 생기는 합성자기장을 약화시키든가, 또는 거의 0이 되게 하면 구속력이 약해져 매달린 자석의 편차 각도가 커진다. 그런데 전류값을 항상 일정하게 유지할 수 없기 때문에 그 결과 매달린 자석은 언제나

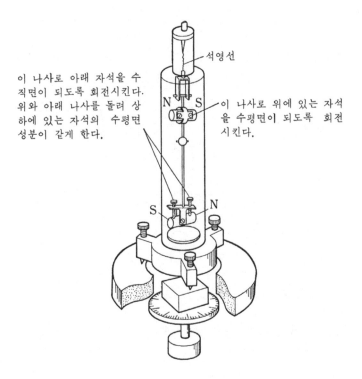

이 나사로 아래 자석을 수직면이 되도록 회전시킨다. 위와 아래 나사를 돌려 상하에 있는 자석의 수평면 성분이 같게 한다.

석영선

이 나사로 위에 있는 자석을 수평면이 되도록 회전시킨다.

그림 1-47 | 필자가 만든 무정위자력계

흔들흔들 진동하여 불안정하므로 측정이 되지 않는다.

그래서 자석을 두 개 매달고 상대방 세기를 거의 일치시켜 놓고, 그림 1-47처럼 반평행으로 배열시켜 한 막대에 고정시키고 가는 석영선에 매단다. 그렇게 하면 위에 있는 자석은 지자기의 북을 가리키려고 회전하고, 아래에 있는 자석은 반대 방향으로 회전하려 하므로 회전력이 상쇄된다. 그 결과 자석계는 측정실의 지자기와는 무관계하게 되어 어느 위치에서도 정지된다. 이것을 무정위자력계(無定位磁力計)라고 부른다. 예를 들어 피측정물을 아래쪽 자석 바로 밑에 놓으면 피측정물의 자기장을 감지하여 크게 회전한다. 그러나 위에 있는 자석과는 거리가 많이 떨어졌기 때문에 그다지 크게 회전하지 않는다. 결론을 말하면 이 두 줄로 된 자력계로 극히 미약한 연구자기가 쉽게 측정된다.

필자는 2차대전 중에 일본 공군에서 사용하던 작지만 아주 강력한 자석을 구하였으므로, 그것으로 무정위자력계를 만들어 제3기나 제4기에 생긴 퇴적암의 자기를 측정했다.

'마찌가네 악어'가 발굴된 오사카층군 밑에 퇴적된 지층 아래에는 한 화산회 지층이 있는데 빛깔이 팥빛 같이 아름다운 적자색을 띤다. 이 지층은 팥화산회라 불리는데, 오사카부 이바라기시에서 발견되었다. 이 지층은 이바라기시에서뿐만 아니고 사카이나 니시노미야, 야하다나 다카츠키, 교토까지 올라와 비와호의 호저에도 퇴적되었다. 어디서부터인지는 아직 모르지만 화산의 분화구에서 다량의 재가 날아 널리 간사이(開西) 지방에 분포하였다. 그런데 이 화산회는 사람 눈에 띄기 쉽다. 그래서 이 것을 어느 지역의 지층 속에서 누가 발견하였다면 그곳에서도 이 지층이 이바라기 시와 같은 시기에 쌓인 것이다. 지층 대비 외에 정성적이긴 하지만 연대 결정도 가능하므로 기준층(키베드)으로 중요하게 취급한다. 필자는 이 화산회를 이바라기에 있는 어느 골프장에서 찾아내어, 야외에서 수평면과 자오면을 표시하고나서 실험실에서 화석자기성분을 측정해 봤더니 현지자기와 반대 방향으로 자화되었음을 알아냈다.

이 화산회는 수중에서 퇴적되었으므로 지층 자체가 그 뒤에 일어난 지각운동 등에 의하여 역전한 일이 없다는 증거가 있으므로 퇴적 당시의 지구자기장은 현재와는 정반대로 향하고 있어서 화산회는 그 방향으로 화석자석을 획득하였을 것이다. 그리고 지금부터 약 100만 년 전에는 마츠야마 교수가 말한 것 같은 세계가 존재하였음을 재증명하였다.

팔화산회는 마찌가네 악어 지층 아래에 있고, 후자는 보다 새로워 약 40만 년 전이라는 연대를 가지며, 그 화석자기는 전혀 역전되지 않았다. 따라서 지구자기장은 100만 년 전부터 40만 년 전까지의 어느 시기에 역전하였음을 알았다.

마침 그 무렵 도쿄대학의 나가타 교수와 그 협력자들은 냉각 시의 자기 방향과 반대로 대자한 화산암을 발견하였다. 마츠야마 교수의 역전자기장 이론은 위기에 빠졌고, 나가타식 자기역전이 정통성을 띠고 부각되자 학회에서도 큰 소동이 벌어졌다.

필자가 팔화산회를 발견한 것이 바로 이 무렵이었다. 화산회 중의 자기광물은 충분히 저온으로 냉각되고 나서 수중에 낙하하여 당시의 오사카만(濟)에서 자석이 된 것이었으며, 나가타식 역전메커니즘과는 관계가 없다고 알려져, 당시도 건재하였던 마츠야마 교수 편을 들게 되었다.

한편 영국에서는 양전기를 띤 전자를 발견하여 노벨상을 받은 P. M. S. 블래킷 교수가 '회전체는 자기를 띤다'는 가설을 세우고 필자가 만든 측정기와 같은 것을 만들어 이를 증명하려다 불행히도 실패하였다. 그 후 자기에 관한 연구가 진행됨에 따라 역전된 화석자기가 각 지질 시대로부터 발견되어 지자기는 100만 년 전만이 아니라 몇 번씩이나 역전하였다는 결론이 뜻밖에 빨리 나왔다. 이런 사실에서 보면 나가타식 역전은 극히 희소가치가 높은 진기한 자연현상에 지나지 않았음이 밝혀졌다.

이렇게 지자기의 역전을 둘러싸고 많은 희비극이 각지에서 일어났지만 다음에 얘기하는 것 같이 이 현상은 지구과학에서도 중요한 구실을 다하였고 뜻밖에 현재도 이용가치가 높다.

지자기지층대비학

앞 장에서 지자기가 각 지질 시대에 몇 번씩이나 역전하였음을 얘기했다. 일본의 고지자기학 연구는 출발이 빨랐지만, 일본 열도 안에는 오랜 시대의 지층이 적고, 있더라도 백악기에 있었던 화강암 관입으로 소실되었거나, 재결정하여 다른 암석으로 변한 것이 많아 유감스럽게도 영국에게 뒤졌다. 영국은 지질학 발상지로서 브리튼섬 남쪽에는 제4기 지층이 가로놓여 거기서 북으로 나감에 따라 점차 오랜 지층이 늘어섰다.

당시 영국의 암석자기 연구자들은 충분한 연구비의 혜택을 받아 앞에서 얘기한 것처럼 브리튼섬뿐만 아니라 세계 각지에 출장하여 암석을 채집하였다. 그리고 드디어 대륙 이동을 증명하는 유리한 증거를 얻었다.

프랑스 학파도 전혀 다른 분야에서 활발한 연구를 전개하였다. 그들은 고고학 분야, 또 홀로세 초까지 소급하여 지구자기장의 변화를 추구하려 했다.

한편 미국에서는 2차대전 후 연구자가 부족하여 한때 경쟁의 제1선에서 훨씬 뒤떨어졌다. 그러다 영국이나 일본에서의 연구에 강한 자극을 받아 1960년대 초에 다시 연구가 활발해졌다. 피츠버그, 스탠퍼드, 버클리, 워싱턴대학과 미국 지질 조사소에서는 특히 제4기를 중심으로 한 지자기의 변동이나 역전된 시대(절대연대) 결정 등을 질량분석장치를 사용하여 그림 1-48에 보인 것 같은 지자기의 정역도형을 만들었다. 그림에서

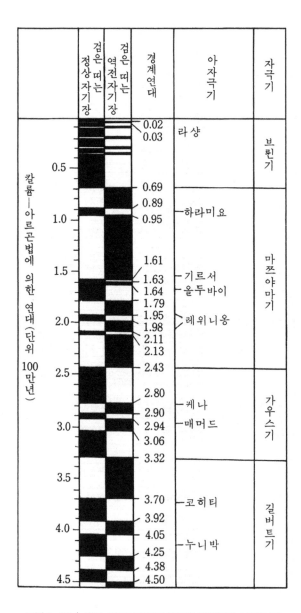

그림 1-48 | 칼륨-아르곤법으로 측정한 연대(단위 100만 년)

검게 칠한 곳은 지자기가 현재와 같은 방향이었던 시대로서 정상시기라 불린다. 이에 반하여 흰 곳은 지자기가 역방향으로 향한 시대이다. 부기된 숫자는 질량분석으로 결정된 연대로서 100만 년 단위로 나타냈다.

칼륨과 아르곤의 동위원소인 ^{40}K와 ^{40}Ar의 측정결과로부터 연대가 상대적이 아닌 숫자로 정확하게 결정되었으므로 정역으로 지자기 반전이 제4기에 몇 번 일어났는가 판명되었다. 194만 년 전에는 레위니옹, 179만 년에는 올두바이 초기, 161만 년 이전에는 올두바이 말기, 95만 년에는 하라미요 초기, 89만 년에는 하라미요 말기, 그리고 69만 년 전은 마츠야마 말기라 불리며, 그 각 시기에 역전이 일어났다고 추정된다.

필자는 앞장에서 마츠야마 교수가 100만 년 이후마찌가 네 악어가 발굴된 40만 년 전 중기에서 지자기 역전이 일어났음을 얘기했다. 그러나 동위원소에 의한 연대 결정 결과를 검토하면 정확하게는 69만 년 전에 지자기 역전이 일어났다. 243만 년 전부터 69만 년 전까지의 역방향이 된 자기장연대는 마츠야마 시대라 불리며, 그로부터 현재까지의 자기장은 브륀 정상기라고 불리게 되었다.

지구자기장이 왜 역전하는가는 아직도 모르지만, 이 현상은 범세계적이어서 남반구에서나 북반구에서나 적도대에서나 상당히 단시간(지질 시대에 비하여) 동안에 발생한다. 세계 각지에서 퇴적한 지층의 화석자기는 이때 한 번에 방향이 역전하며, 화산암의 화석자기도 역시 마찬가지이다. 앞에서 얘기한 기준층처럼 역전이 기록된 지층의 연대는 몇 가지나 되는 것이 아니고, 제4기 전체라도 6회 정도가 된다(정식으로는 나중에 얘기하는 것 같이 더 늘지만).

제4기뿐만 아니라 제3기나 백악기도 마찬가지로 이 역전은 가끔 지질학적 지층 또는 화산암의 연대 결정에 쓸모가 있다. 특히 전자는 지질조사에 있어서 필수적인 도구이다. 많은 지질학 전문가가 지층의 잔류자기를 측정하여 지층 대비에 쓰고 있다. 단순히 역전시기뿐만 아니라 지자기의 정상시기인가 역시기인가를 알면 지층 분류에 유효하다.

측정기의 진보

무정위자력계는 고감도인데도 제작경비가 싸다. 그러나 측정에 시간이 걸려 단시간에 많은 암석을 측정하기 어렵다.

그래서 이러한 목적에 대응하는 전자기 감응을 이용한 장치가 개발되어 영국이나 미국에서 사용되었다.

자석이 된 암석을 코일 전면에서 회전하면, 암석의 자력선이 코일을 자른다. 그 속에서 자속의 강약 변화가 일어나 코일 속에는 교류의 기전력이 약하게 유발된다. 증폭기로 기전력을 증폭하여 교류의 진폭과 위상차를 구하면 암석이 갖는 자기성분이 결정된다. 다소 경비가 들어도 이것을 사용하는 편이 훨씬 능률적이며, 측정 정밀도도 높다. 현재 많은 연구실에서 이 방법을 채용하고 있다. 암석을 팽이처럼 회전시키므로 스피너 자력계라 불린다.

또 최근에 와서는 초전도현상을 응용하여 특히 고감도의 자기측정이 가능해졌다. 발견자 조셉슨의 이름을 따서 조셉슨 효과라고 불리는 이 현상을 이용하면 암석자기만이 아니라 생물 중의 전자기현상을 밝히는 데도, 물성물리학을 연구하는 데도 불가결한 장치가 되고 있다. 그 구조는 다음과 같다.

초전도체로 만든 루프의 일부를 특별히 미세한 세사(細系) 상태로 만든다. 그렇게 하면 초전도체가 된 이 루프에 외부로부터 자력선이 침입하려

해도 양자상태에 대응하는 미소 유니트량밖에 터널효과 때문에 앞에서 얘기한 미세부를 통과하지 못한다. 따라서 몇 개의 양자 유니트가 침입하였는가를 헤아려 보면 암석의 아주 약한 잔류자기일지라도 구해진다. 이것은 스퀴드라고도 불리며 대학 자체에서 직접 제작하여 사용되기도 하지만, 완제품 상품이 판매되고 있어서 돈만 있으면 누구나 구입하여 버튼을 눌러 측정이 가능하다. 그러나 아직은 아주 비싼 장치이다. 다만 스피너 자력계와 마찬가지로 약한 자기능률이 측정 가능할 뿐만 아니라 많은 시료가 단시간에 처리되므로 모든 연구자들이 욕심내는 계기이기도 하다.

지금까지 얘기한 것으로 우리의 먼 조상이 등장한 무렵의 지구 모습을 어느 정도 알았으리라 생각한다. 다음 장부터는 구체적인 사항에 대해 얘기하겠다.

제2장

인류의 시대

구석기와 네안데르탈인의 발견

노아의 대홍수-홍적층

19세기 초에는 인간이 수천 년 이상 옛날부터 살았다고는 생각하지 못했다. 대주교 아셔는 최초의 사람 아담과 이브는 기원전 4004년 3월 25일에 만들어졌다고 말했다.

17세기 말 런던의 그레이스 인 레인에서 사력층으로부터 코끼리 뼈 같이 생각되는 큰 뼈에 꽂힌 끝이 뾰족하고 날카로운 플린트(부싯돌)[1] 가 발견되었다. 영국의 고물연구가인 존 바그퍼드는 그것은 플린트제의 창 끝이며, 영국에 침입한 로마군이 끌고 온 아프리카 코끼리를 찔러 죽인 브리튼인의 창이라고 했다.

18세기 말 고물연구가 존 프레어는 잉글랜드의 서퍼크 주 혹슨에 있는 벽돌공장의 점토채굴용 구덩이 속에서 깨진 플린트 조각을 몇 개 발견하였다. 그것은 태고적 사람들이 도구로 쓴 석기라고 생각하고, 그들은 금속을 쓰지 않던 사람들, 아마 지금 세계보다 하나 앞 세계 사람들이 쓴 도구라고 생각했다. 그런데 이 혹슨에 있는 벽돌공장은 현재도 조업하고

---

1) 잉글랜드의 동남부로부터 프랑스 북부에 걸쳐 중생대 백악기의 연한 석회암-초크라고 불린다-층이 분포한다. 도버의 흰 벼랑으로 대표되는 초크(백묵을 닮았다) 속에는 불규칙한 모습을 가진 딱딱한 규질 덩어리가 많이 포함되어 있다(그림 2-1). 이것이 플린트로서 석기에 쓰는데 제일 좋은 재료의 하나이다.

그림 2-1 | 플린트를 포함하는 초크

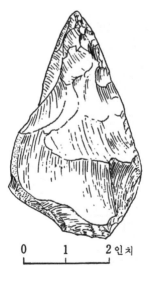

0   1   2 인치

그림 2-2 | 흑슨의 석기

있고, 점토층은 32만 년 전 무렵의 간빙기(두 빙하기 사이의 온난기) 지층으로 혹스니언기(期)라 불린다.[2]

그런데 18세기 말부터 19세기 초는 프랑스의 퀴비에 등을 중심으로 하는 카타스트로피즘(Catastrophism)이 한창이던 시대였다. 즉 지구는 지금까지 몇 번이나 대변혁의 시기를 거쳤다. 그때마다 그때까지 살던 생물은 사멸하고 새로운 생물이 태어나는, 이른바 파괴와 재생을 되풀이해 왔다. 그 최후의 변혁이 대홍수이고, 그 후 인류의 시대가 왔다고 많은 사람이 생각하였다.

중부 유럽은 사력층이 넓게 덮었으며, 어떤 곳에는 흔히 아주 먼 곳에서 운반되어 온 큰 바위가 있다. 이 바위는 전석(轉石)이라 불린다. 이렇게 대량의 자갈, 또는 거대한 바위가 먼 곳으로부터 운반되는 건 아주 대규모의 홍수가 일어났기 때문이라 하였다. 그리고 이것이 창세기에 쓰여 있는 '노아의 대홍수'의 증거라고도 했다.

이러한 지층을 노아의 대홍수(Deluge)에 의해 생긴 지층이라는 뜻에서 딜루븀(Diluvium)이라 불렀다. 지금도 사용되는 홍적층(洪積層)이라든가 홍

---

2) 혹슨에는 현재도 벽돌공장이 있고 원료로 점토를 채굴하고 있다. 여기서는 지표에 데벤시언 빙기(영국에서의 최종 빙기)의 빙하 주변 퇴적층(사력층)이 있고, 그 밑에 월러스토니언 빙기의 빙하 퇴적층, 혹스 니언 간빙기의 호수 퇴적물(주로 점토로서 두께 10m 정도이며 온난한 기후를 나타내는 꽃가루를 함유하고 아슐리언 석기를 포함한다)이 계속되고, 최하층은 앵글리언 빙기(영국의 제일 오래된 빙기)의 빙하 퇴적층(빙력 점토층)으로서 백악기의 초크층 위에 직접 얹혔다. 이 석기가 산출되는 온난기후의 점토층은 혹스니언 간빙기의 지층의 모식지층(模式地層)이 된다.

그림 2-3 | 전석

적세(洪積世, 홍적층이 생긴 시대라는 뜻)란 딜루븀이다. 딜루븀은 현재 거의 사용되지 않고, 대신 플라이스토세(Pleistocene, 최신세 또는 갱신세)라고 한다. 이들 사력층이 사실 플라이스토세에 일어난 '빙하시대'의 빙하가 날라온 것이라고 판명된 것은 19세기 후반이었다.

받아들여지지 않았던 부세의 가설

프랑스 북부, 영국 해협으로 흐르는 솜므강 하구로부터 15㎞쯤 들어가면 아브빌이라는 곳이 있다. 그 부근의 고위단구층(高位段丘層, 초크에 유래하는 흰 석회질의 이층)으로부터 19세기 초에 코끼리, 코뿔소, 하마, 말,

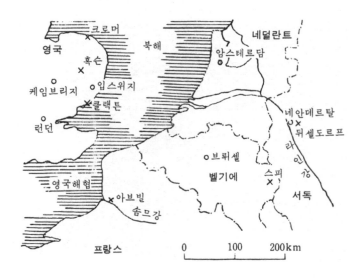

그림 2-4 | 영국 해협과 라인강 하류 지역

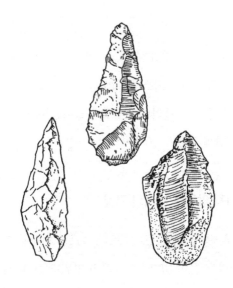

그림 2-5 | 아브빌의 석기

사슴 등의 뼈와 이빨과 더불어 틀림없이 인공이 가해진 플린트의 석편, 즉 석기가 많이 발견되었다. 이 화석과 석기가 나온 층 위에는 사력층이나 레스(黃土)층이 덮였기 때문에 대홍수 때 생긴 지층이라 생각된 것이다. 이 발견은 지금은 유럽에는 살지 않는 코끼리, 코뿔소, 하마 등의 동물과 더불어 사람이 대홍수보다 먼저 살았으며, 석기를 만들어 도구로 사용한 문화를 가졌다는 것을 뜻한다.

1838년 프랑스의 아마추어 고고학자 부세 드 뻬르뜨의 이 같은 주장은 최후의 대변혁 후에 인간이 나타났다고 생각하는 많은 학자들에게는 받아들여지지 않았다.

라이엘과 하튼의 탁월한 식견

근대 지질학의 할아버지라고 불리며, 찰스 다윈에게 비글호를 타도록 권한 사람이기도 한 찰스 라이엘이 그의『지질학 원리』를 출판한 것은 1830년에서 1833년에 걸쳐서였다. 라이엘은 1797년에 스코틀랜드에서 태어나 옥스퍼드에서 지질학을 공부하였는데, 대변혁설이나 대홍수설을 중심으로 한 강의에 싫증을 느끼고 교실에서 공부하기보다도 영국과 유럽 각지를 즐겨 여행하면서 자연현상을 실제로 관찰하고 조사하면서 자연에서 직접 배우려고 애썼다. 그 결과 당시 학계에서 이단시되었던 하튼(스코틀랜드의 선배이기도 하였다. 1726~1997)의 동일과정설(uniformitanism)에 찬동하여 많은 실례를 들고 실증적으로 그것이 옳다고 주장하였다. 얼핏 보아 이상하게 보이는 대지나 바다의 큰 변동도 현재 지구상에서 일어나

빙하의 유동방향

스코틀랜드 북부로 부터 데벤시언빙상 은 동쪽 북해 해상 에서 스칸디나비아 로부터의 와이크셀 빙하의 대빙상과 접 속하고 있다.

네스호

에든버러

다블린

버밍검

그림스 그레이브

크로머

혹슨

입스위지

런던

빙하로 막혀서 만들어진 호수

데벤시언빙하(1~11만년전)
월러스트니언빙하(15만년전 무렵)의 최대분포
앵글리언빙하(40만년전 무렵)의 최대분포

그림 2-6 | 영국의 빙하 분포도. 크로머는 앵글리언 빙기의 지층 밑에 있는 온난기의 식물 화석층(크로메리언). 혹슨은 앵글리언 빙기와 월러스토니언 빙기 사이의 간빙기 지층으로 혹슨 석기가 들어 있다. 입스위지는 월러스토니언과 데벤시언 빙기 사이의 간빙기의 온난한 지층, 그림스 그레이브는 빙하 퇴적물에 덮인 밑의 초크층에 판 신석기 시대의 플린트 광산. 네시의 소문(?)으로 유명한 네스호는 스코틀랜드의 하일랜드 지역을 북동~남서로 지나는 대단 층에 따라 빙하가 파헤쳐 만들어진 호수. 따라서 중생대의 공룡이 살아남을 가능성이 적다.

고 있는 변화의 장시간에 걸친 축적—즉 같은 법칙 하에 변화가 진행되는 —이라 주장하였다.

이 '현재는 과거의 열쇠이다'라는 생각에 따라 지구의 역사를 조사하는 과학(지질학)이 비로소 성립되었다고 하겠다. 『지질학 원리』는 라이엘이 죽은 1875년까지 개정 12판을 거듭하여 당시의 베스트셀러가 되었다.

대홍수설의 증거의 하나인 "전석"을 옛날 빙하가 날라온 것이라 생각한 것도 역시 하튼이었다. 그런데 당시에는 받아들여지지 않았다. 알프스 빙하가 지금보다 더 컸고, 플라이스토세(라이엘이 이름 붙였다)에는 유럽의 넓은 부분이 빙하에 덮였다는 빙하시대설을 뚜렷이 주창하고 나선 것은 루이 아가시였고, 1840년의 일이었다. 그러나 학계에서 이 학설을 아무도 의심하지 않게 된 것은 20세기에 들어서였다.

생물의 진화사상을 둘러싼 소용돌이 속에서

생물의 진화사상은 18세기 후기에 휘풍의 『박물지(博物誌)』속에 암시되었다. 에라스머스 다윈(찰스 다윈의 조부)은 1794년에 생물의 진화론을 제창하였다. 프랑스의 라마르크는 리퐁의 생각을 발전시켜 『동물철학』(1809년)에서 '용불용설'(用不用說)이라 불리는 진화학설을 발표하였다. 퀴비에의 세력 하에 있던 당시의 학계(특히 프랑스 학계)는 받아들일 리 없었다. 아브빌의 석기가 문제될 무렵은 찰스 다윈이 비글호를 타고 남반구의 섬들에서 그의 진화론을 굳히고 있을 때였다.

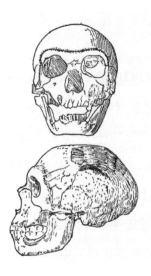

그림 2-7 │ 네안데르탈인의 뼈. 1908년 프랑스의 꼬레즈현에서 발견된 것.

얘기를 아브빌 석기로 되돌리자. 대홍수 전에 인간 문화가 있었다는 부세 드 뻬르뜨의 학설은 당시에는 받아들여지지 않았지만, 오늘날에는 이들 오랜 형태의 석기는 아브빌리언 문화라 불리고 유럽에서의 구석기의 오래된 것으로 인정되어(약 40만 년 전의 간빙기의 것) 후에 얘기하는 피테칸트로푸스의 문화라고 한다.

네안데르탈인의 발견

네안데르탈인의 두골 화석 등이 발견된 것은 1856년 8월이었다. 마침 찰스 다윈이 그의 진화론이 담긴 『종의 기원』 집필에 착수한 무렵이었다.

서독의 뒤셀도르프의 동쪽 12㎞ 되는 네안데르탈에 있는 석회암 채석장 동굴 내의 퇴적물 속에서 두골 외에 손발의 뼈 등 15개의 뼈와 석기로 보이는 것이 발견되었다. 먼저 엘버펠트의 고등학교 박물 교사 푸르로트가 이것들을 조사하여 고대 인류의 화석이라 판정하였다. 그러나 본대학의 해부학 교수 마이어는 두골의 눈 가까이에 상처가 있으므로 러시아에서 라인 지방으로 침입한 코작 병사의 뼈라 하였다. 일찍이 지방에 살던 켈트족의 뼈라고 생각한 사람도 있었다. 본의 인류학자 헤르만 샤프하우젠은 이 두골은 원시적이며 현재의 켈트족이나 게르만족보다 오래전에 살던 야만인종의 하나일 것이라 말했다(1858년).

다윈의 『종의 기원』은 1859년에 출판되었는데, 진화론에 찬성하는 영국의 동물학자 헉슬리는 1863년에 네안데르탈에서 나온 뼈는 원숭이에 가까운 원시적인 인류라는 의견을 발표했다. 같은 영국의 킹은 이에 대하여 사람과 같은 족의 다른 종으로 호모 네안데르탈렌시스(*Homoneanderthalensis*)라고 이름 붙였다. 그러나 베를린대학의 유명한 병리학자 및 인류학자인 피르호는 1872년에 네안데르탈의 뼈는 젊었을 때 곱사병에 걸린 노인의 뼈이지 원숭이에 가까운 원시인류가 아니라고 강력한 부정 의견을 말하였다.

한편 이 무렵 유럽의 각지에서 네안데르탈인과 비교되는 사람의 뼈가 석기와 함께 발견되거나 매머드, 코끼리, 곰, 들소, 원시적인 말 등의 화석과 더불어 발견되었다. 즉 벨기에의 스피(1866년, 1886년), 체코슬로바키아(모라비아, 1880년), 에스파냐(1887년) 등에서 나왔다. 이쯤되자 피르호도 이들의 뼈가 매머드 시대의 인류가 아니라고 말할 수 없게 되었다. 그리고 1891년에 자바에서 피테칸트로푸스가 발견되자 네안데르탈인의 가치가 겨우 올바르게 인정되었다.

잃어버린 고리를 찾아서—원인의 발견

헤켈은 추측하였다!

찰스 다윈은 원숭이와 사람을 연결하는 잃어버린 고리(*missing link*)의 존재를 예상하여 잃어버린 고리가 살던 지역은 아직 지질학적으로 조사되지 않았다(따라서 그 화석은 발견되지 않았다)고 기술하였다.

잃어버린 고리란 생물 진화 경로의 중간에 위치한 생물이라는 뜻이다. 독일의 생물학자이며 철학자인 하인리히 헤켈은 독일에서 최초로 찰스 다윈의 진화론을 받아들여 보급시킨 사람으로 유명한데 자바 원인의 발견은 뛰어난 그의 추리 덕이었다고 봐도 된다.

그는 1866년에 진화에서의 24단계를 생각하고 22번째에 유인원을, 24번째에 인류를 두고, 23번째를 잃어버린 고리라 하여 그것에 피테칸트로푸스 알라루스(언어가 없는 원인)라고 이름 붙이고 장차 아시아나 아프리카의 열대에서 발견되리라고 추측했다.

*Pithecanthropus*의 *pithecus*는 원숭이를 뜻하며, *anthropus*는 사람이다(*anthropology*는 인류학). 따라서 피테칸트로푸스란 '원인'이라는 의미가 된다.

그것은 자바에서 발견되었다!

헤켈에게서 암시를 받은 네덜란드 의사 유젠 뒤브와는 "인류 조상의

그림 2-8 | 헤켈의 상상도(잃어버린 고리)

화석은 열대지방에서 발견될지 모른다. 왜냐하면 차츰 털이 없어지면서
발가벗었을 터이니…"라고 확신하여 1887년에 군의관으로 당시의 네덜
란드령 동인도, 즉 지금의 인도네시아로 건너갔다.

　그는 처음에 수마트라에서 조사하다가, 곧 자바로 건너가 근무의 여
가를 타서 사람뼈 화석을 탐사하기 시작하였다. 중부 자바에서 동부 자바
에 걸쳐 켄덴 구릉(丘陵)이라는 낮은 산맥이 동서로 뻗었고, 조그자카르타

동부의 남부 산지의 석회암과 고기안산암(古期安山岩, 제3기 미오세의 것) 지대를 수원으로 하는 솔로강이 수라카르타(솔로)시를 지나 이 구릉을 가로질러 북으로 향하여 북쪽에 있는 평야 지대를 동쪽으로 흘러 수라바야 북쪽으로 지나 바다로 흐른다. 자바에서 제일 큰 강이다. 솔로강과 그 지류는 우기에 물이 불으면 켄덴 구릉을 깎아 내어 구릉을 구성하는 제3기 후기로부터 제4기에 걸친 모래, 자갈, 점토 등의 지층을 헐어 버리고 그 속에 묻힌 화석을 드러내기도 한다.

뒤브와가 자바에 건너간 1880년대에 네덜란드의 라이덴대학의 고생물학자 카를 마르틴은 이 부근에서 채집한 스테고돈 코끼리 등 많은 포유류 화석에 대해 논문을 발표하였다. 뒤브와가 이에 눈독을 들인 것은 당연하였다. 그리고 예상했던 대로 1890년에 케둥 브루부스에서 인류의 하악골로 보이는 파편을 발견하였고[3] 이듬해 1891년에는 대망의 "자바 원인"의 두골과 어금니를 발견하였다. 장소는 트리닐이었는데, 솔로강이 깎아 내린 부드러운 사암층에서 나왔다. 또 이듬해에 좌대퇴골과 어금니를 발견하였다. 어금니 2개는 확실히 인류의 이빨 같았고, 대퇴골은 현재의 사람과 별 차이 없었다. 그러나 두골은 유인원적이었고, 두개 내의 부피, 즉 뇌 부피는 네안데르탈인보다 작고 유인원과의 중간이었다. 뒤브와는 다리 뼈로 보아 직립보행하였다고 생각하여, 원숭이와 사람 중간에 있는 동물이라 했다. 그리고 처음에는 사람을 닮은 원숭이라 하여 안

---

3) 케둥 브루부스 화석도 나중에는 피테칸트로푸스에 포함되었다.

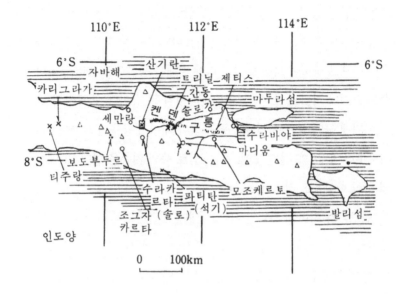

그림 2-9 | 동부 자바지방

트로포피테쿠스(*Anthropopithecus*, 사람을 닮은 원숭이, 즉 人猿)이라 이름 붙이려 생각했다가 직립보행하였음을 중시하여 피테칸트로푸스 에렉투스(*Pithecanthropus erectus*, 直立猿人)이라 이름 붙이고, 1894년에 학계에 발표하였다.

피테칸트로푸스를 둘러싼 문제점

헤켈이 1868년에 예상하여 가상적으로 이름까지 붙인 잃어버린 고리—피테칸트로푸스—는 그로부터 23년 후에 그가 예상한 대로 아시아의 열

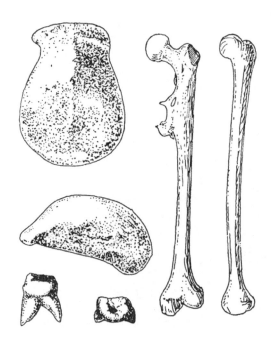

그림 2-10 ┃ 피테칸트로푸스 에렉투스의 뼈와 이빨

대에서 발견되어 실재적인 존재가 되었다. 그것으로 유인원과 인류는 연결되었다고 생각되었다.

헤켈은 이 발견 소식을 듣고 곧 '피테칸트로푸스 창작자로부터 행운의 발견자에게'라고 축전을 쳤다는 유명한 얘기가 있다.

1895년 네덜란드에 돌아온 뒤브와는 피테칸트로푸스 발견을 높이 평가받아 암스테르담대학의 지질학, 고생물학 교수로 초빙되었다. 인류 진화사상에서 피테칸트로푸스 자체의 위치가 정착하는 데는 그로부터 긴

논쟁이 계속됐다. 첫째, 피테칸트로푸스와 더불어 석기가 발견되지 않았다는 점이다.[4] 피테칸트로푸스가 발견된 트리닐층(후에 카부층이라 불렀다)은 해안 가까이 쌓인 퇴적물이다. 원인이나 스테고돈 코끼리 화석 등은 거기에 살아서가 아니라, 강물이 날라와 형성됐다. 둘째, 1892년 이후 1936년까지 거듭된 탐사에도 불구하고 인골 화석이 더 발견되지 않았기 때문이다. 그러는 동안에 베이징(北京) 근처의 저우커우뎬(周口店)에서 베이징 원인(北京懷人)이 발견되어 초점이 옮겨 갔다.

무대는 베이징으로

베이징 원인은 1927년에 발견되었다. 그 단서는 자바 원인의 발견보다 약 10년 이상 앞섰고 20세기 초까지 거슬러 올라간다. 독일인 의사 하베러가 중국에서 입수한 포유류 화석을 연구한 뮌헨의 고생물학자 슈로서는 그 결과를 1903년에 발표하였다. 이 하베러의 수집품 가운데 유인원이나 인류 같기도 하고, 또는 그 중간형 같기도 한 어금니 하나가 있었다. 그러나 이 표본은 유감스럽게도 정확한 출처를 몰랐다.

열대가 아닌 아시아에서, 더군다나 중국에서 잃어버린 고리가 발견될 가능성이 보이자 1914년 이래 스웨덴의 안데르손(*Johan Gunnar Anderssen*, 1874~1960), 오스트리아의 츠단스키, 미국의 그렌저 등 지질학자, 고생물

---

4) 그 후 자바에서 원인이 쓴 것으로 생각되는 석기가 중부 자바에서 인도양 측에 있는 파티탄 등에서 발견되었는데, 화석과 함께 발견된 일은 없다.

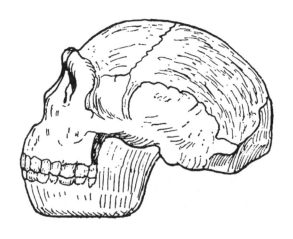

그림 2-11 | 베이징 원인의 두골의 복원도

학자들이 조사에 나섰다. 1921년 안데르손은 베이징 서방 저우커우뎬에서 오도비스기 석회암 동굴 퇴적물 속에 묻힌 포유류 화석과 석기를 발견하였다. 또 1923년에 츠단스키는 인류의 것임이 틀림없는 어금니 2개를 발견하였다. 그러나 이 어금니에 대해서는 강력한 반론도 제기되었다. 그러나 1927년부터 1939년에 걸친 페이원충(裴文中), 블랙, 드 샤르댕, 앤드류즈, 바이덴라이히 등에 의한 저우커우뎬 발굴로 노약남녀 거의 42명분의 인골과 이빨, 석기, 골기 등이 발견되었다. 또 그들이 불을 사용하였음도 알려져 베이징 원인은 확인되었다. 특히 1929년 12월 저우커우뎬의 원인동(懷人洞)에서 발견된 완전한 두골은 시난트로푸스 페키넨시스(*Sinanthropus pekinensis*, 北京猿人)라 이름이 붙여졌고, 자바 원인을 닮았으나 다소 진화한 형임이 알려졌다. 지질 시대는 자바의 트리닐층과 거의 같은 시대(신플라이스토세 중기, 40만~50만 년 전)라고 한다.[5]

베이징 원인의 발견은 그 자체뿐만 아니라 의문시되었던 자바 원인의 존재도 확인하였다. 그 무렵 자바에서도 독일의 폰 쾨니히스발트가 중심이 되어 새로운 발견이 속속 이루어졌다.

원인 연구의 보고 자바

1936년 자바에 있는 지질 조사소의 도이페스가 동부 자바의 수라바야 남방에서 켄덴 구릉 동부 지방의 지질조사를 하고 있을 때 인도네시아인 조수 안도요가 모조케르토 북방에서 어린이 두골 하나를 발견하였다. 트리닐 화석층을 포함하는 카부층보다 오래된 프찬간층에서 나왔다. 트리닐층보다도 오래된 포유류 화석을 포함하기 때문에 제티스 화석군이라 불린다.

쾨니히스발트는 이 어린이 두골을 피테칸트로푸스 에렉투스 모조케르텐시스(모조케르토 원인)라 이름을 붙였다. 같은 무렵 쾨니히스발트는 트리닐 서방 70㎞ 되는 산기란 지역에서 지질과 화석을 연구하였다. 거기서는 지층이 돔 모양으로 부풀어 올랐고, 그 중앙을 솔로강의 지류 체로

---

5) 2차대전 전에 발굴된 베이징 원인의 표본은 행방불명이 되어 아직까지 그 소재를 모른다. 전후에 들어서서 1949년 이래 발굴이 계속되어 새로운 화석 표본이 발견되었다. 1963년 산시성(⬚西省) 란톈(藍田)에서 두골과 하악골이 발견되어 원인으로 인정되었다.

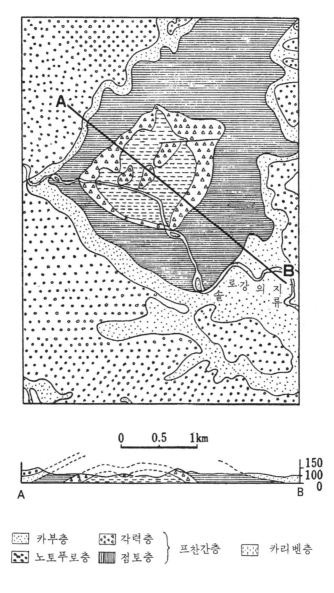

로 강 의 지류
솔

0   0.5   1km

A   B

150
100
0

카부층   각력층 } 프찬간층   카리벤층
노토푸로층 점토층

그림 2-12 | 산기란 지질도

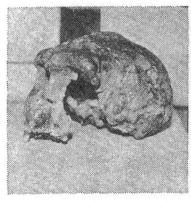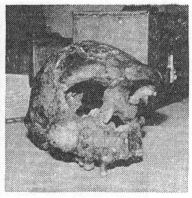

그림 2-13 | 자바 산기란에서 나온 피테칸트로푸스 에렉투스의 제8표본

모 강이 흐른다. 그 중심에 해성층(海成層)인 카리벤층(바다조개나 유공충의 화석을 포함하는 제3기 플라이오세)이 있고 그 위에 불정합하게 프찬간층, 카부층, 노토푸로층이 순차적으로 겹쳤다.

프찬간층은 바다에 가까운 호수 퇴적물로서 제티스 포유류동물군을 포함하고 트리닐보다 오래된 형의 피테칸트로푸스의 하악골과 이빨이 나왔다. 스테고돈 코끼리 중에서도 스테고돈 트리고노세파루스의 오랜 형도 나왔다.

카부층은 트리닐 포유류 화석군이 나온 호성(湖成) 지층으로 스테고돈 트리고노세파루스(일본 아까시(明石) 부근 오사카 지층에서 나온 아까시 코끼리는 이와 비슷한데 크기가 작다), 인도의 플라이스토세 지층에서 나온 나르바다 코끼리를 닮은 코끼리, 하마, 멧돼지, 소 등 포유류 화석이 많이

그림 2-14 | 스테고돈 트리고노세파루스. 자바 간동의 노토푸로층에서
나왔다. 앞에 있는 것은 카리크라가에서 나온 하마 화석

나왔다. 이 지층에서는 피테칸트로푸스 에렉투스의 두골과 이빨이 몇 개
나왔다.

노토푸로층은 화산 분출물과 강 퇴적물로 구성되었고, 포유류 화석도
나왔지만 대부분이 아래에 있는 카부층과 프찬간층에서 씻긴 2차적인 것
으로 생각된다. 그러나 트리닐 동쪽 솔로강변의 간동에서 인류의 두골이
나온 곳은 노토푸로층과 이어졌다고 한다. 이 두골은 피테칸트로푸스보
다 진화되었다고 하여 호모 에렉투스 솔로엔시스(*Homo erectus soloensis*, 소
로인)라 불리고, 네안데르탈인에 가깝다고 하기도 했는데, 최근에는 피테
칸트로푸스의 가장 새로운 형이라 생각되고 있다.

또 하나 산기란에서 특기할 만한 일은 프찬간층에서 유달리 큰 하악

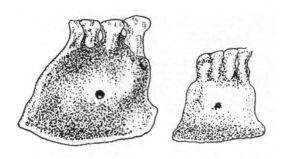

그림 2-15 | 자바 산기란에서 나온 메간트로푸스의 하악골(좌)와 현대인의 하악골

골과 이빨을 가진 인류를 닮은 화석이 발견된 것이다. 쾨니히스발트는 이
것은 피테칸트로푸스와 다른 속종이라하여 메간트로푸스 팔레오자바니
쿠스라고 이름 붙였다. 메가란 크다는 뜻이며 팔레오는 오래되었다는 뜻
으로 "오래된 자바의 거대한 사람"이라는 뜻이다. 최근에 와서는 이 메간
트로푸스는 다음에 얘기하는 아프리카 원인(오스트랄로피테쿠스)에 속한다
고 추정되고 있다.[6]

---

6) 1935년 폰 쾨니히스발트는 홍콩(香港)의 약종상에서 구입한 인골 화석과 이빨 화석 가운데서
인류와 유인원을 닮은 거대한 이빨을 발견하였다. 아마 광시성(皮西省) 아니면 광둥성(忘東省)
에 있는 동굴 속의 퇴적물에서 채집된 것이라 추측하였으며, 기간토피테쿠스(거대한 원숭이)라
고 이름 붙였다. 저우커우뎬을 연구하기 위해 중국에 있던 바이덴라이히는 이것을 사람과에 속
한다고 하였으며, 인류의 선조는 거인이었다고 생각하였다. 1955년 이래 중국과학아카데미의
조사발굴과 그에 잇따른 연구에 의하여 거원(巨猿)은 오랑우탄에 가까운 유인원으로 후기 미오
세부터 플라이스토세에 걸쳐 중국 남부와 인도 북부에 살았음이 알려졌다. 히말라야의 "설인(雪
人)"은 기간토피데쿠스의 후손일지 모른다는 설도 있다.

자바 원인이 살던 시대

자바에 있는 제티스 동물군보다도 오래된 포유류 화석층으로는 중부 자바 브미아유 근처의 칼리 그라가 화석층과 더 오래된 티주란 화석층이 있다. 전자에서는 스테고돈 트리고노세파루스의 오랜 형 등이 나왔고, 후자에서는 매머드 코끼리의 선조라고 여겨지는 아르키디스코돈 프라니프론스라는 코끼리 화석 등이 나왔는데 인류나 유인원 화석은 나오지 않았다.

1940년경 쾨니히스발트는 주티스 화석층(프찬간층)을 플라이스토세 전기, 트리닐 화석층(카부층)을 플라이스토세 중기, 간동 화석층(노토푸로층)을 플라이스토세 중기에서 후기라 생각하고, 칼리 그라가 화석층, 티주란 화석층은 신제3기 플라이오세라고 생각하였다. 이 무렵에는 플라이스토세 초(제3기와 제4기의 경계)를 60만 내지 100만 년 전이라 하였는데 나중에 얘기하는 것 같이 현재는 180만~200년 전으로 한다.

최근에 교토대학 연구진에 의해 산기란의 카부층 상부 및 프찬간층 상부에 있는 화산회 중의 광물 지르곤에 대한 연대측정(피션 트랙법)이 실시되었다. 그 결과에 의하면 카부층 상부는 48~52만 년 전, 프찬간층 상부는 58~69만 년 전이었다 한다. 이들은 각각 지층의 상부이므로 트리닐 화석층은 50~58만 년 전, 제티스 화석층은 69만 년보다 더 전의 것이고, 아마 69~100만 년 전이 될 것이다. 간동 화석층은 연대측정 자료는 없지만 20~30만 년 전이라 추정되므로 자바 원인(피테칸트로푸스)이 자바에서 생존한 기간은 100만 년 전부터 20만 년 정도가 되며 베이징 원인의 생존 기간도 이 안에 들어간다.

마우에르의 하악골

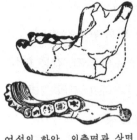

여성의 하악, 외측면과 상면

남성의 하악, 외측면

그림 2-16 | 위는 하이델베르크인(마우에르의 하악), 아래는 아틀란트로푸스의 하악

아시아 외에서도 살았던 피테칸트로푸스형 원인

그럼 이들 원인은 아시아에서만 살았는가? 아브빌이나 혹슨석기는 네안데르탈인의 문화인가라는 문제가 생긴다. 실제 1907년에는 독일의 하이델베르크에 가까운 마우에르사층에서 인류 뼈로 생각되는 하악골이 나와 호모 하이델베르겐시스(하이델베르크인)라고 이름이 붙여졌다. 그리고 이것은 아브빌석기가 나온 고위단구층과 같은 시대로서 유럽에서 발견된 가장 오래된 인골 화석이라 알려졌다. 그 밖에 네안데르탈인보다 오

144

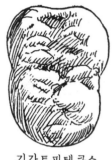
기간토피테쿠스

오랑우탄

현대인

그림 2-17 | 기간토피테쿠스의 이

래된 인류(?) 화석으로서 슈투트가르트 근처의 슈타인하임의 두골(1933
년), 잉글랜드 남부 서식스의 스윈즈쿰의 두골(1935년) 등이 있다.

1954~56년에 파리의 고생물연구소의 아랑블이 중심이 되어 알제리
북서부에 있는 마스카라의 테르니피느사층이 발굴되었다. 사람의 하악
골 3개, 두골 1개, 많은 이빨, 아프리카 코끼리의 오랜 형, 검치호(劍齒虎)
등의 화석과 아슐리언형의 석기 등이 발견되었다. 아랑블은 이들 인골이
피테칸트로푸스나 시난트로푸스와 아주 닮았으므로 같은 원인이라 생각

하였는데, 세부적인 면에서 다소 차이가 있음을 인정하여 아틀란트로푸스 모우리타니쿠스(대서양의 인류)라 불렀다. 또 모로코의 카사블랑카와 라바트에서도 같은 종으로 생각되는 인골이 발견되었다. 이 발견이 실마리가 되어 지중해-서유럽 지역에서도 널리 피테칸트로푸스형 원인이 네안데르탈인보다 이전에 살았음이 인정되게 되었다.

아랑블들은 하이델베르크인을 비롯하여 앞에서 얘기한 인골을 피테칸트로푸스에 가까운 원인으로 생각하였다. 1950년경에는, 헤켈이 말한 잃어버린 고리는 피테칸트로푸스(시난트로푸스, 아틀란트로푸스, 하이델베르크인 등을 포함하는)이며, 이것이 최초의 인류라고 널리 생각했으며, 이것을 원인(原人, 프리호미니드)이라 총칭하였다. 1925년에 남아프리카에서 프리호미니드보다 오래된 더 원숭이를 닮은 원인(檬人)이 발견되어 학계의 눈이 차츰 아프리카에 쏠리게 되었다.

아프리카의 원인─올두바이

아프리카에서의 최초의 발견

타웅스 베비의 발견으로 새로운 잃어버린 고리─아프리카의 원인─
가 처음으로 등장하기 시작하였다.

1924년 11월 남아프리카의 광산 도시 요하네스부르크에 새로 생긴
위트바테르스란드대학의 31세 된 해부학 교수 레이먼드 다트에게 조수
가 우연히 얻은 비비의 두골 화석을 가지고 왔다. 이에 흥미를 느낀 다트
는 뼈화석이 나온 타웅스 근처의 박스턴에 있는 석회암 채석장으로 갔다.
화석을 포함한 바위를 입수하여 그 속에서 두골의 내부가 돌로 바꿔쳤던
내형, 즉 뇌 화석에 상당하는 것을 발견하였다. 그 일부에는 두골 파편도
붙어 있었다. 그것은 어린이의 머리 화석인데 뇌가 상당히 크고 유인원이
아니면 사람 같았다. 더욱이 얼굴 형태와 치열이 인류를 닮았다. 그는 이
것을 '사람을 닮은 원숭이'라 생각하여 오스트랄로피테쿠스 아프리카누
스(*Australopithecus africanus*, 아프리카 남부의 원숭이)라 이름 붙였다. 다트는
1925년 2월 이것이야말로 원숭이와 사람을 직접 연결하는 잃어버린 고
리라고 영국에 논문을 보냈다.

다트는 이것을 직접 인류의 선조라고 생각했는데 그 이름 오스트랄로
피테쿠스는 오히려 원숭이임을 뜻하였다.

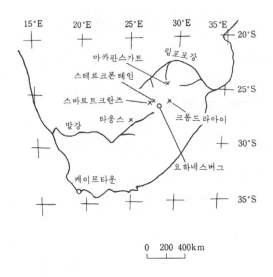

그림 2-18 | 남아프리카공화국의 화석 지도

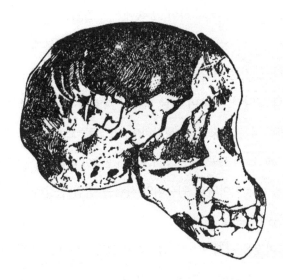

그림 2-19 | 오스트랄로피테쿠스(타웅스 베비)의 두골

148

이 다트의 '타웅스 베비'가 사람의 선조라는 생각에 대하여 대부분의 인류학자는 반대 의견을 냈으며, 심지어 다트의 스승인 런던대학의 스미드 교수마저 "이것은 결코 원숭이와 사람을 연결하는 잃어버린 고리가 아니다"라고 비판하였다.

마침 그 무렵 중국에서 베이징 원인이 발견되었고, 이어 자바 원인과 관련한 새로운 발견도 있어 아시아 쪽이 주목을 끌기 시작하였다.

브룸의 활약

새로운 학문적 성과가 바르게 평가되는 데는 흔히 시간이 많이 걸리는데, 인류의 진화에 관해서는 특히 극단적이다. 네안데르탈인이나 자바 원인의 예를 보면 10년부터 20년씩이나 걸렸다.

다트의 생각에 공명한 영국의 로버트 브룸은 싫증을 느낀 다트를 대신하여 남아프리카에서 탐사의 손길을 멈추지 않았다. 그리하여 1936년에 스테르크폰테인 채석장에서 플레시안트로푸스 트랜스발렌시스(*Plesianthropus transvaalensis*, 트랜스발의 반인류)라고 이름 붙인 화석을 발견하였고, 1938년에는 크롬드라이 채석장에서 파란트로푸스 로부스투스(*Paranthropus robustus*, 건장한 준인류)라고 이름 붙인 화석을 찾아냈다. 나중 화석은 먼저것보다 대형으로 건장하고 우람하게 느껴졌다.

2차 세계대전이 끝난 1945년에 남아프리카 정부는 "인류가 탄생한 곳은 남아프리카이다. 그것을 증하기 위해 연구를 더욱 진척시켜야 한

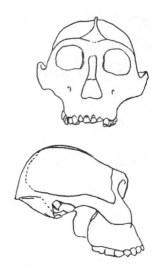

그림 2-20 | 파란트로푸스 로부스투스

다"는 입장에서 브룸에게 연구비를 지급하고 연구를 계속시켰다. 그리하여 2년간에 자바 원인은 말할 것도 없고, 베이징 원인보다도 많은 표본을 수집하였다.

1947년 옥스포드대학 인류학 교수 르 그로 클럭은 남아프리카로 가서 브룸의 표본을 보고 그때까지의 반대 의견을 뒤엎고 인류의 조상에 아주 가까운 화석임을 인정하였다. 이렇게 하여 자바 원인이나 베이징 원인보다도 원숭이에 가까운 원시적인 아프리카 '원인'은 차츰 그 가치가 높아졌다. 그러나 이들 원인을 인류라고 인정하는 데는 문제가 있었다. 그것은 석기를 수반하지 않기 때문이었다.

한편 그 무렵 아프리카의 다른 곳에서 아브빌 석기보다 원시적인 자갈의 한쪽을 타격하여 조잡하게 떼내어 만든 역석문화(礫石文化)라 불리는 석기군이 플라이스토세의 오랜 지층에서 발견되었다. 이것은 처음에는 우간다의 카프에 있는 고위단구에서 발견되어 카프언 문화라고 불리고 가장 오래된 석기라고 생각되었다. 그후 1949년 남아프리카나 북부 아프리카(알제리, 모로코, 사하라 등)에서도 아랑블 등이 발견하였는데 이 석기는 원인과 관련성이 분명하지 않았다.

리키 부부의 등장과 올두바이 계곡

1950년대 말부터 원인 탐구의 무대는 남아프리카로부터 동부 아프리카로 옮겼다. 루이스와 마리 리키 부부는 30년 가까이 고생한 끝에 남아프리카보다도 오래된 오스트랄로피테쿠스를 1959년 7월 15일 탄자니아의 올두바이 계곡 제1층에서 발견하였다.

아프리카 동부에 있는 탄자니아에는 인도양 해안으로부터 500㎞ 내륙으로 들어가면 세렝게티 고원(해발 1,500m 정도)이 있다. 세렝게티 고원은 아프리카의 최고봉으로 거의 적도 직하에 있으면서 만년설을 가진 킬리만자로 화산(5,895m)에서 서쪽으로 약 200㎞, 케냐의 나이로비 남서방 250㎞ 근방에 있다. 이곳은 세계 최대의 야수 서식지라 일컬어져 국립공원으로 지정되었다. 현재는 건조한 사바나인데 플라이스토세에는 넓은 호수였다. 그 호저 퇴적물은 올두바이 계곡이 깊이 파고든 골짜기 벼랑에

그림 2-21 | 동부 아프리카 화석 지도

거의 수평으로 된 몇 겹의 지층으로 드러나 있다. 그 사이에는 화산회 등도 끼어들었고, 제일 밑에는 용암이 있다. 이 지층에 포함된 인류를 비롯한 포유류 화석 연구에서 비롯한 탄자니아, 케냐, 에티오피아에서의 조사는 1960년 이래 인류의 진화사를 크게 고쳐 쓰게 되었다.

이 지역—탕가니카(잔지바르와 함께 탄자니아로 독립하였다)는 1차 세계대전 때까지는 독일 식민지였다. 1911년 독일의 곤충학자 카트윈켈이 곤충 채집하러 왔다가 올두바이 계곡에서 포유류 화석을 발견하였다. 독일의 고생물학자 렉은 그 얘기를 듣고, 1914년 올두바이에서 대규모로 발굴하여 다량의 포유류 화석을 채집하였다. 이때 인류의 뼈도 나왔는데, 현대인의 것이었다. 렉은 더 발굴하길 계획하였지만 1차 세계대전으로 중단되었다. 전후 이곳은 영국의 식민지가 되어 버리면서 계획은 좌절되었다.

루이스 리키(Louis Leakey, 1903~1972)는 영국인이었다. 그는 1903년에 영국령 케냐의 나이로비 근처에서 태어나 일생을 탄자니아와 케냐에서 인류 화석 연구에 바쳤다. 키쿠에족 사이에서는 그를 '얼굴이 흰 검둥이'라 생각했다고 한다. 렉의 연구에 흥미를 가진 리키는 1924년 대영박물관 조사대에 참가하여 케냐에서 아슐리언 석기와 인골을 발견하였다. 1931년에도 리키는 영국 조사대에 참가하여(렉도 참가하였다) 올두바이 계곡 조사에서 석기를 발견하였다. 그로부터 30년에 걸쳐 리키 부부의 적도 직하에서의 고된 탐구가 계속되었다.

그림 2-22 | 올두바이 협곡 전경과 진잔트로푸스가 나온 곳

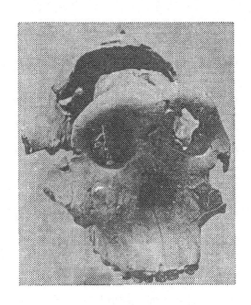

그림 2-23 | 오스트랄로피테쿠스(진잔트로푸스 보이스에이)의 두골.
올두바이 제1층 하부(175만 년 전)에서 리키 부부가 1959년 7월에
발견하였다. 한때 세계에서 제일 오래된 인류 화석이라 여겨졌다.

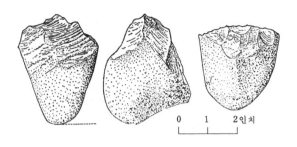

그림 2-24 | 올두바이 제1층 석기. 올도완 역기라 부른다.
용암 자갈의 한편을 떼어 내서 날을 만들었다.

올두바이 계곡에서의 수확

올두바이 계곡 지층은 기저가 되는 현무암 위에 1층, 2층, 3층, 4층
의 순서로 겹쳐 모두 호수 바닥에 퇴적한 점토나 화산회로 구성되었다.
1959년 리키 부부는 원인 두골과 어금니를 제1층에서 발견하였다. 이 제
1층에서는 자갈 양면을 떼어 내 날카롭게 날을 세운 원시적인 역석기가
많이 나왔다. 제2층에서는 더욱 진보된 형의 석기(유럽 아브빌리언에 비
교되는 것)와 제3층, 제4층에서 나온 석기는 더욱 진보된 형으로 아슐리
언에 비교될 만하였다.

리키는 이 두골을 진잔트로푸스 보이세이(*Zinjanthropus boisei*)라고 이
름 붙였다. 진지한 동부 아프리카를 가리키며, 진잔트로푸스는 "동부 아
프리카 사람"이라는 뜻이며, 보이세이는 연구 후원자 찰스 보이시(*Charlse
Boise*)의 이름을 딴 것이다. 그러나 이것은 그 후 남아프리카의 오스트랄

로피테쿠스, 특히 1939년에 발견된 파란트로푸스를 닮았다는 것이 알려져 지금은 오스트랄로피테쿠스에 포함시킨다.

제1층에서 나온 원시적 역석기는 올도완이라 불리며 원인 문화로 인정되었다. 리키는 진잔트로푸스가 나온 지층을 60만 년에서 100만 년 전 정도라고 추정하였다. 이것은 남아프리카의 오스트랄로피테쿠스에 이어 가장 오래된 것이었다.

또한 이 나이는 인류의 시대로 추정하는 제4기 초가 되는 것이었다. 그 무렵 칼륨-아르곤법에 의한 연령측정은 차츰 믿을 만한 결과가 나오기 시작하였다. 1962년 리키의 부탁을 받은 캘리포니아대학의 커티스와 에번던은 진잔트로푸스가 나온 층을 약 175만 년 전이라고 발표하였다. 60만 내지 100만 년이라 추정하던 원인의 연대가 단번에 2배나 뒤로 물러나 버렸는데 그 측정이 잘못되었다는 반대론이 나오기도 하였고, 다른 연구소로부터 더 새로운 연령 측정 결과도 발표되었다.

1965년 커티스와 에번던은 올두바이의 많은 시료, 동부 아프리카나 지중해(이탈리아) 등 신제3기, 제4기(플라이스토세)의 많은 시료에 대하여 칼륨-아르곤 연령을 측정하였다. 시료의 적당, 부적당에 대해서도 충분히 음미한 결과, 먼저 발표한 결과에 잘못이 없고 진잔트로푸스가 나온 층은 165만 년에서 185만 년 사이, 그 밑에 있는 현무암은 185만 년에서 192만 년 전이라고 발표하였다. 오늘날 이 연령들은 많은 전문가에 의하여 믿을 만한 것으로 인정되었다.

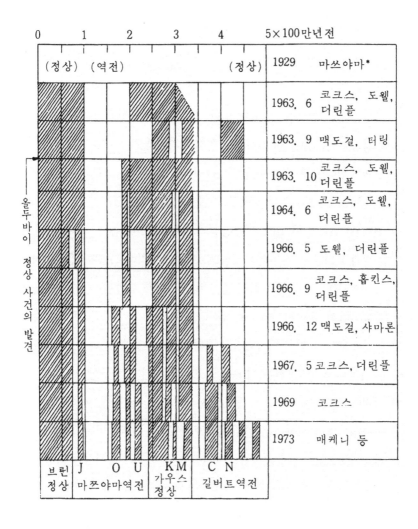

0	1	2	3	4	5×100만년전		
(정상)	(역전)			(정상)	1929	마쓰야마*	
					1963. 6	코크스, 도웰, 더린플	
					1963. 9	맥도걸, 터링	
					1963. 10	코크스, 도웰, 더린플	
					1964. 6	코크스, 도웰, 더린플	
					1966. 5	도웰, 더린플	
					1966. 9	코크스, 홉킨스, 더린플	
					1966. 12	맥도걸, 샤마론	
					1967. 5	코크스, 더린플	
					1969	코크스	
					1973	매케니 등	
브린 정상	J O U 마쓰야마역전		K M 가우스 정상	C N 길버트역전			

올두바이 정상 사건의 발견

그림 2-25 | 1963년 이래 변천된 지자기 변화의 척도.
(*J*: 하라미요, *O*: 올두바이, *U*: 레위니옹, *K*: 케냐, *M*: 매머드, *C*: 코히티, *N*: 누니박)
※ 표의 마츠야마(1929)는 제4기 초에 역전하고 그 후 및 이전을 정상으로 하였을 뿐 연령에 대한 자료는 당시 불명하였다.

올두바이 정상사건이란?

1929년 일본의 마츠야마 박사는 제3기와 제4기 경계 무렵에 지구자기장의 남북이 역전하였다고 보고했다. 이에 대해 그 후 30년 이상 진전이 없었는데, 칼륨-아르곤 법에 의한 연대측정이 성행됨에 따라, 1963년 초에 지금부터 100만 년 전까지는 현재와 같은 남북(이것을 정상기, 또는 정자극기라고 한다)으로, 그보다 앞서 200만 년 전까지는 남북이 역(역전기라고 한다)으로, 그리고 그 전은 정상기였음이 거의 밝혀졌다.

1964년 올두바이 밑에 있는 용암과 올두바이 제1층, 그 밖에 대해 조사한 결과 100만 년 전부터 약 250만 년 전까지의 마츠야마 역전기 사이에 180만~190만 년 전 무렵에 짧은 정상시기가 끼었음이 알려졌다. 이것은 올두바이 정상 사건(normal event)라고 이름이 붙여져 진잔트로푸스가 나온 지층은 이 사건 무렵이었다고 결정되었다.

지자기의 정, 역반전은 지구적 규모로 일어나며 지구상 어디라도 같은 시기에 일어났다. 이것은 해양저 조사에서도 확인되었고, 또 그 측정은 방사성원소를 사용하는 연대 측정보다도 간단하다. 더욱이 지구상에서 멀리 떨어진 지역의 암석이나 지층의 생성시기의 동시성을 확인하는(이것을 지층의 대비라 한다) 데 유효하다. 그 때문에 제1장에서 얘기한 대로, 1964년 이래 단기간에 크게 진보하였다. 그리고 대륙 이동, 해양저의 갱신 등 판구조론(plate tectonics) 학설의 중요한 기틀이 되었다.

연대표에서는 정, 역을 흑백으로 나타내는데 흔히 "지자기의 줄무늬"라고 부른다. 이 줄무늬는 권말 부록의 왼편에 붙어 있다. 또한 이에 대해

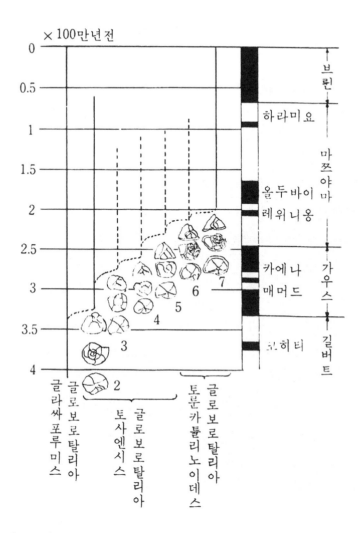

그림 2-26 | 글로보로탈리아 토룬카튤리노이데스의 진화. 글로보로탈리아 토사엔시스는 330만 년 전에 글로보로탈리아 글라싸포루미스(*Globorotalia crassafornis*)에서 진화하여 60만 년 전에 절멸하였다. 토사엔시스로부터 중간형을 거쳐 200만 년 전에 토룬카튤리노 이데스가 진화하여 이 최후의 형은 현재도 생존한다. 중간형 중 그림의 3~5는 토사엔시스, 6은 토룬카튤리노이데스에 포함시킨다(高山後昭, 1973).

서는 중생대까지 거슬러 올라가 2억 년 전 것까지 작성되었다.

인류의 시대 '제4기'는 언제 시작되었는가?

올두바이 계곡 연구는 이렇게 지구과학이 크게 발전하는 계기가 되었다. 그 기저에 인류의 시대라 불리는 제4기 초, 즉 플라이스토세의 시작이 언제인가 하는 문제가 있었기 때문이다. 제4기와 신제3기의 경계를 지질연대표에서 어디에 두는가 하는 문제는 여러 가지로 논의되었는데, 1948년 런던에서 열린 제18회 국제지질학회의에서 일단 다음과 같은 권고가 채택되었다.

1. 제3기와 제4기의 경계는(포유류 화석 등이 많이 나오는 육성층을 기준으로 하지 않고 다른 지질 시대 분류와 마찬가지로) 해성지층 중에서 화석이 변화하는 데 두어야 한다.

2. 그 때문에 이탈리아의 칼라브리언계(階)의 밑바닥이 가장 적당하다고 생각되므로 제4기의 시작을 이탈리아의 칼라브리언계로 한다. 칼라브리언계에 대비되는 육성층은(포유류 화석을 많이 산출하는) 빌라프란키언계이다.

3. 이렇게 되면 제4기 시작은(지중해에 처음으로 추운 바다 생물이 들어온 시기가 되어) 제3기 이래 최초로 기온 저하를 나타낸 시기가 된다(괄호 속은 필자가 붙인 주이다).

이 권고를 채택함과 동시에 이 선에 따라 더 자료를 모으게 되었다.

이것을 채택한 배경은 제4기가 추운 빙하시대였다는 것, 제4기형 포유류 화석을 포함하는 북부 이탈리아, 남부 프랑스 등 빌라프란키언계를 제4기에 넣으면 인류 화석이 나오는 곳은 전부 들어간다(그렇게 오래된 인류는 없겠지만)는 생각이었다. 또 이 문제의 논의 당시는 현재 가장 중요한 자료라고 하는 부유성 미화석이나 지자기에 의한 대비학 등은 전혀 생각할 수 없었다. 그후 1960년대에 들어서자 빌라프란키언계의 그 아래 반은 제3기의 플라이오세에 들어가며, 위쪽만이 제4기에 속하는 것이 알려졌다.

1967년 대양저 연구가 진척되자 대서양 해저에서 지자기의 올두바이 사건과 같은 무렵에 부유성유공충인 글로보로탈리아 토룬카튤리노이데스(*Globorotalia truncatulinoides*)가 그 선조인 글로보로탈리아 토사엔시스(*Globorotalia tosaensis*)에서 진화하였음이 확인되었고, 그 후 태평양 해저에서도 확인되었고, 남부 이탈리아의 칼라브리언계의 지층의 제일 아래 부분에서도 확인되었다. 그리하여 1948년에 권고된 제4기 초는 올두바이 원인이 나온 층과 거의 일치하게 되었다.[7]

---

7) 칼라브리언계는 밑에 있는 플라이오세 상부 지층에 비해 꽃가루도 산소 동위원소에 의한 수온측정에서도 다소 한랭화되었으나 아주 근소했다. 유럽에서는 플라이스토세 전반은 대규모적 빙하가 발달할 만한 한랭기가 아니었다(빙기가 아니고 도나우한기라고 불린다), 또 이 정도의 한랭기는 플라이오세 후기(대략 300만 년 전인 가우스 정상기 중기)에도 있었고 네덜란드, 프랑스, 영국 등에서는 기후 변화(꽃가루 등에 의한)를 중요시하는 입장에서 제4기 시작을 이 300만 년 전에 일어난 한기(寒期)에 둔다. 현시점에서는 국제적으로는 칼라브리언 기저, 올두바이 사건 부근(약 180만 년 전)에 제4기의 시작을 잡는 의견이 많으나 이렇다할 결론은 나와 있지 않다. 여기서는 거의 180만 년에 잡았는데 다음에 얘기하는 최근에 발견된 인류 화석을 고려하면 300만 년 전이라 하는 편이 좋을 것으로 생각된다.

그런데 이보다 앞서 1964년 리키는 올두바이 제1층에서 더 진보된 원인으로 생각되는 화석을 발견하여 크게 화제가 되었다.

제3기의 원인—
사람의 뿌리는 1,500만 년 전까지 거슬러 올라간다

호모 하빌리스의 발견

리키가 진잔트로푸스를 발견하여 원인이 올도완이라고 부르는 원시적인 석기 문화를 가졌다고 발표한 다음 해, 같은 올두바이 계곡에서, 더구나 같은 제1층 하부와 제2층에서 리키 스스로 다른 인류의 하악골과 두골을 발견하였다. 이것은 얼핏 보아도 진잔트로푸스와 달랐고 더 진보된 형 같았다.

루이스 리키는 남아프리카 원인을 연구하고 있던 토비아스와 네이피어는 공동으로 1964년에 호모 하빌리스라 이름 붙이고 발표하였다. *habilis*는 라틴어로 영어의 *able*과 같은 뜻이므로, 즉 호모 하빌리스는 '능력 있는 사람'이란 뜻이다.

리키 팀은 하빌리스의 뇌 부피가 700㎤나 되어 오스트랄로피테쿠스보다도 크고, 호모 에렉투스와의 사이에 든다는 것과 두골형과 치열 모양에서 진잔트로푸스를 포함하는 오스트랄로피테쿠스와 구별하였으며, 더진화한 것으로 보고 사람속(호모)에 넣었다. 또 동시에 전에 발표한 진잔트로푸스를 오스트랄로피테쿠스에 넣음과 더불어 올도완 석기는 오스트랄로피테쿠스, 즉 원인 문화가 아니고 새로 발견된 호모 하빌리스 문화라

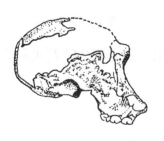

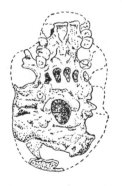

그림 2-27 ㅣ 호모 하빌리스

고 하였다. 이 생각에 따르면 오스트랄로피테쿠스는 인류 진화의 본길에서 벗어난 옆길이며, 호모 하빌리스야말로 오늘날의 사람 선조이다.

호모 하빌리스 문화를 둘러싼 논쟁

올두바이 석기는 루이스 리키 부인 마리 리키(고고학자)에 의해 연구되었다. 제1층 및 제2층 하부에서는 갖가지 종류의 올도완 석기와 골기가 나오고, 제2층 위쪽에서는 셸레언(아브빌리언)형 석기가, 또 제3층, 제4층에서는 다시 새로운 아슐리언형 석기가 출토됨이 확인되었다. 또 제2층 상부로부터는 호모 에렉투스 화석이 발견되었다.

한편 지자기 조사에서는 제3층 하부 근처에 브륀-마츠야마 경계가 있고, 제3층, 제4층은 70만 년보다 새롭다는 것이 알려졌다. 리키 팀의 새로운 생각에 의하면 이 지역에서 오스트랄로피테쿠스와 호모 하빌리스가 처음에는 공존하였으나 하빌리스는 문화를 가졌으므로 시대가 경과함에 따라 호모 에렉투스로 진화하여 아브빌리언, 다시 아슐리언 문화를 가지게 되자 원인 오스트랄로피테쿠스를 절멸시켜 버렸다는 것이다. 이런 리키 팀의 생각에 대해서는 강력한 반대 의견이 있어 현시점에서도 논쟁은 계속되고 있다. 이들 의견에 의하면 호모 하빌리스도 역시 오스트랄로피테쿠스이며, 아브빌리언 석기나 아슐리언 석기가 나오는 올두바이 상부 지층에서 원인이 발견되므로 올도완 석기는 오스트랄로피테쿠스 문화라는 것이다.

만일 호모 하빌리스가 원인이라면 이보다 더 원시적인 원인은 더 오래전부터 나타났을 것이다.

연달아 발견된 원인의 화석

1964년 기준으로 올두바이 제1층은 원인이 발굴된 가장 오래된 지층이었다. 1965년에 케냐의 루돌프호 남쪽 카나포이에서 원인의 것으로 생각되는 상완골 파편이 발견되었다. 연대는 약 250만 년으로 마츠야마 역전기의 초기였으므로 올두바이 이전의 원인 두골이 발견될지 모른다는 기대가 걸어졌다. 1967년에는 루돌프호와 나이로비 사이에 있는 바린 고분지의 약 만 년 전 지층에서 원인 두골 파편이 발견되었고, 같은 해 루돌프호 서남 기슭에 있는 로타감에서 원인의 하악골 파편이 발견되었다. 이 화석층은 450만 년 전 이상, 또는 500만 년 전 정도가 되는 오래된 지층으로 남아프리카 마카판에서 나온 하악골을 닮았다. 현시점에서 이것이 가장 오래된 원인이다. 지질연대적으로는 500만 년 전은 플라이오세와 후기 미오세 경계가 되므로 바로 플라이오세 최초기에 살던 원인이다.

1967년 에티오피아 남부에 있는 오모강(남으로 흘러 루돌프호에 이른다) 분지에서 미국, 프랑스, 케냐의 합동조사가 실시되었다. 시카고대학의 하우엘, 파리 자연사 박물관의 아랑블과 꼬뺑, 케냐의 리처드 리키(루이스 리키의 아들) 등이 참가하였다. 이곳에는 호수 바닥에 퇴적된 두꺼운 지층이 있고, 많은 화산회층이 끼어 있어 칼륨-아르곤 법 연대측정에 편리하였다. 하부 무루시층 상한은 405~425만 년이라 하며, 그 위에 오는 슌그라층은 아래쪽으로부터 순차적으로 375만 년, 235만, 212만, 204만, 193만, 184만 년이라는 연령이 측정됐다. 이것을 기준층으로 하여 원인과 여러 가지 포유류 화석이 발굴조사되었다. 슌그라층 속에서만도 49군데서 원인 화석이 발견되었다. 하악골, 두골 파편, 이빨 다수가 나와 아랑블, 꼬뺑 등이 연구하였다. 아랑블은 375만 년과 235만 년의 화산회층 사이의 지층에서 발견된 하악골에 파라오스트랄로피테쿠스 에티오피쿠스(*paraustralopithecus aethiopicus*)라고 이름 붙였다. 오늘날에는 이 에티오피아 준 원인도 오스트랄로피테쿠스에 포함시킨다.

동부 아프리카의 표준화석층	로타감	카이소 I	오모 I	오모 II	올두바이 I·II의 하부	올두바이 II의 상부, II·IV	(올두바이 이후)
화 석 대	VII	VI	V	IV	III	II	I
스테고테트라베로돈(코끼리)							
히파리온(삼지마)							
프림엘레파스(코끼리)							
아난쿠스(코끼리)							
스테고돈(코끼리)	?		?				
니얀자케루스(멧돼지)							
히포포타무스 헥사프로토돈 (하마)							
다이노테륨(코끼리)							
스티로히파리온(말)							
리비데륨	?						
아우스트랄로피테쿠스							
엘레파스(코끼리)							
호모							
에크우스(말)							

M.Y 6 5 4 3 2 1

그림 2-28 | 아프리카의 플라이오, 플라이스토통의 화석대와 주요 화석(꼬뺑, 1972). 꼬뺑은 로타감을 500만 년보다 오래되었다고 하였는데, 플라이오세에 포함시켰다. 파선은 위의 표준화석층에서 나오지 않았지만 다른 곳에서 나온 것을 가리킨다.

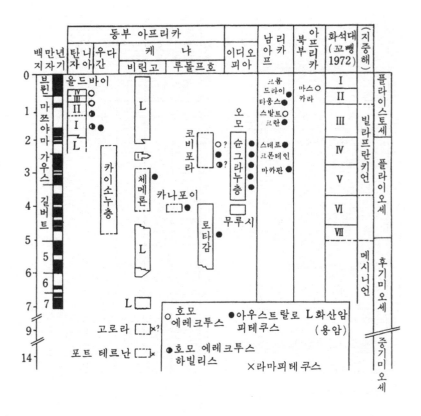

그림 2-29 | 아프리카의 사람과 화석의 화석대

잘 들어맞은 플라이오세의 원인 계통

1967, 1969년 케냐 북부의 루돌프호 동쪽 기슭의 쿠비포라와 일러레
트에서 리처드 리키가 중심이 되어 칼륨-아르곤 법으로 260만 년 전이라

고 측정된 화산회층에서 석기를 발견하였다. 또 일러레트 지구에서 올두바이 1층에서 발견된 진잔트로푸스를 꼭 닮은 거의 완전한 오스트랄로피테쿠스의 두골을 발견하였다. 더욱 놀랍게도 1972년 260만 년 전이라고 측정된 쿠비포라의 층 아래로부터 뇌 부피가 800㎤나 되는 원인의 두골이 발견되었다. 다리뼈, 역기(礫器) 등과 함께였다.

1975년에는 더 새로운 형으로 베이징 원인에 가까운 원인형 화석이 쿠비포라에서 보고되었다. 이것은 올두바이 1층보다 오래전에 호모속 원인이 250만 년이나 또는 이전에 출현하였음을 시사하며 앞으로 더 검토되어야 할 문제이다.

쿠비포라에서 발견된 새로운 사실을 따로 친다면 1960년대의 에티오피아, 케냐에서의 잇따른 발견에 의해 500만 년 전의 로타감의 원인에서부터 올두바이 원인까지 대체적으로 연결되며 500만~200만 년 전인 플라이오세에 원인(懷人)이 출현하였다고 해야 한다.

꼬빼이 만든 화석대와 쿡의 화석대

이들 인류 화석이 발굴된 부근으로부터는 다른 많은 포유류 화석(코끼리, 말, 하마 등)이 발견되었다. 파리의 자연사 박물관의 꼬빼은 이들 포유류 화석 산출상태와 지층의 연대측정 결과에 바탕을 두고, 1972년에 동부 아프리카에 1에서 7까지 7화석대를 설정하였다. 이중 제3화석대에서 제5(또는 제6의 일부까지)까지는 지중해 연안의 빌라프란키언계와 대비된다.

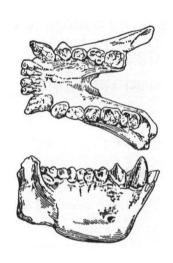

그림 2-30 | 드리오피테쿠스의 하악골. 견치의 형태나 치열은 유인원형이다.

또 꼬뺑은 종래에는 100만 년 전후라고 하던 남아프리카의 원인 화석
상(懷人化石床)을 재검토하여 마카판, 스테르크폰테인 등은 200만 년보다
오래된 플라이오세에 들어간다고 인정하였다. 꼬뺑의 화석대에 의하면
오스트랄로피테쿠스는 7화석대에서 3(또는 2)화석대까지, 호모속(原人)은
3-2-1화석대에서 나온다. 그러나 루돌프호 부근에서 최근 이뤄진 발견을
중시한다면 호모속은 4화석대로부터 이미 출현한다고 할 필요가 생긴다.

　1972년에 꼬뺑이 작성한 화석대 구분표는 앞에서 얘기한 플라이스
토세의 시작(제4기의 시작)이 200만 년 전 무렵인 걸 보여 주는 가장 적절
한 자료였다. 즉 호모속의 출현, 올두바이 정자극 사건, 글로보로탈리아
토룬카튤리노이데스의 출현, 1948년의 권고가 모두 들어맞는다. 만일

그림 2-31 │ 라마피테쿠스의 상악화석(인도 시와릭 출토)

호모속 출현을 꼬뺑의 4화석대까지 낮추면 300만 년 전이 되어 프랑스, 네덜란드, 영국에서의 꽃가루에 바탕을 둔 기후 변화를 중시하여 300만 년 전을 제4기라고 주장하는 의견에 대해 극히 유력한 자료를 제공하게 될 것이다.

캐나다의 쿡은 이전부터 아프리카의 포유류 화석에 대한 연구를 많이 발표하였는데, 1972년에 인류 화석을 포함하는 동부 아프리카의 주된 함화석층(含化石層)의 대비를 발표하였다. 그의 연구와 꼬뺑의 화석대를 종합하여, 다시 약간의 참고 자료를 덧붙여 새로 편집한 표를 그림 2-29에 반영했다.

드리오피테쿠스와 라마피테쿠스

잃어버린 고리는 드디어 500만 년 전 플라이오세의 시작까지 거슬러 올라갔다. 그렇게 되면 한 단계 오래된 미오세는 어떤가 생각해야 한다. 유럽의 미오세 화석 중에서 오래 전부터 알려진 것은 드리오피테쿠스(*Dryopithecus*)이다. 프랑스에서 처음 발견되고, 그 후 스위스, 오스트리아 그 밖의 여러 곳에서 나왔다. 오스트리아와 유고슬라비아 국경에 가까운 장크트슈테판에서 발견된 드리오피테쿠스의 하악골 파편은 진귀하게도 카리에스에 걸렸었다.

지중해 신제3기 위원회의 최근 결론에 의하면 이 드리오피테쿠스가 나오는 지층은 중기 미오세 체솔리언에서 주로 나오고, 후기 미오세에도 나온다고 한다(1,400만 년 전부터 800만 년 전까지). 드리오피테쿠스는 유인원에 속한다고 추정되었는데, 사람과 오랑우탄과의 공통 선조라고도 추정되었다.

드리오피테쿠스의 분포는 유럽뿐만 아니라 중앙아시아와 동아시아까지 퍼졌다. 인도의 히말라야 산맥 기슭에 시와릭 구릉이 있다. 이 구릉은 미오세에서 플라이스토세까지의 두꺼운 육성지층으로 되었고, 히말라야 산맥이 솟아오를 때 침식되어 그 기슭의 저지에 두껍게 퇴적한 지층이라 하여 오래전부터 포유류 화석의 보고로서 알려졌다.

일본에서 많이 나오는 나우만코끼리나 스테고돈 코끼리 등은 시와릭 구릉지층—시와릭통이라 불린다—의 중상부로부터 나오는 종류와 근연

종이라 한다. 1910년 유명한 포유류 화석학자 필그림이 시와릭 화석을 기재하였다. 그중에 드리오피테쿠스 푼자비쿠스(*D. punjabicus*)가 있다. 이 것은 시와릭통 중의 나그리층(후기 미오세)에서 나온 것이다. 1934년 새로 채집된 표본과 더불어 조사하던 예일대학 대학원생 레위스는 이들이 드 리오피테쿠스보다 사람에 가깝다고 생각하고 학위 논문에서 라마피테쿠 스라고 이름 붙였다(1937년). 그러나 이 논문은 인쇄되지 않았기 때문에 거의 알려지지 않았다. 더 거슬러 올라가면 이 화석(상악 파편)이 발견된 것은 1856년이었다고 한다. 바로 유럽에서 처음으로 네안데르탈인이 발 견된 해였다. 이들이 라마피테쿠스(*Ramapithecus*)로서 사람에 가깝다고 평 가되기에 이른 것은 처음 발견된 해부터 100년 이상이나 지난 1960년대 의 일이다. 사이먼과 필빔에 의해서였다.

라마피테쿠스가 사람과 비슷해 보이는 뚜렷한 특징은 치열과 어금니 이다. 꽤 많이 표본이 나왔는데 불완전한 파편뿐이었지만 사람과의 특징 이 분명히 나타나 있다. 이 지층은 700만, 또는 800만 년 전쯤이다.

유력한 잃어버린 고리를 찾아

이와는 달리 1961년 루이스 리키가 케냐의 포트테르난(바 링고 호와 빅 토리아 호 중간)에서 케냐피테쿠스(*Kenyapithecus*)라고 이름 붙인 화석을 발 견하였다. 또 1951년에 빅토리아 호 북동 끝에 있는 루싱가섬에서 발견 한 화석은 인도의 시와릭에서 나온 시바피테쿠스와 같은 속이라 생각되었다. 이들을 시와릭의 라마피테쿠스와 비교한 결과 모두 라마피테쿠스로 확인되었다.

포트테르난을 칼륨-아르곤 법으로 측정한 결과 1,400만 년 전이라 나왔고, 또 루싱가 지층은 1,500만 년 전이라 측정되었다. 이들 연령은 올두바이 제1층처럼 신뢰도가 높지는 않지만 대체로 중기 미오세(1,000만~1,500만 년 전) 초가 된다. 또한 1970년 바링고에서 제일 밑에 있는 고로라층으로부터 단지 1개이긴 해도 라마피테쿠스의 이빨을 닮은 어금니가 발견되어 900만 년 전 것이라 알려졌다. 이리하여 현 시점에서는 중기 미오세 초가 되는 약 1,500만 년 전에 동부 아프리카에 라마피테쿠스(케냐피테쿠스)가 출현하여 인도에까지 이동한 것 같다. 그리고 화석 자료로 보아 불완전하지만 수상생활에서 땅으로 내려와 사바나를 두 다리로 걸어 다니게 되었다고 많은 인류학자가 생각한다.

리키는 동부 아프리카 각지에서 나오는 미오세의 비비화석의 두부가 파괴된 원인이 라마피테쿠스가 돌을 써서 깼기 때문이라는 가설까지 내세웠다고 한다. 이리하여 최근에는 라마피테쿠스야말로 오늘날 알려진 사람과 중에서 제일 오래된 화석이라는 생각이 유력하다. 잃어버린 고리도 상당히 옛날까지 올라갔다.

그러나 라마피테쿠스가 나오는 중기 미오세와 유인원과 사람의 공통 선조일지 모른다는 프로플리오피테쿠스나 파라피테쿠스 등이 나오는 이집트의 파이움의 올리고세(斷新統) 사이에는 1,500만 년 전~2,300만 년 전의 기간을 가진 전기 미오세가 들어 있고, 이 기간의 화석 자료는 극히 빈약하다. 아무래도 잃어버린 고리는 이 부분, 즉 신제3기의 처음부터 신, 고 제3기의 경계 부근까지 사이에서 찾아야 할 정세가 된 것 같다. 아무튼 네안데르탈인과 같은 무렵에 발견된 원숭이 화석이 100년 후 사람의 선조로 다시 등장하게 된 건 정말 유쾌한 일이다.

사람이 걸어온 길—인류의 진화

지금까지 19세기 이래 잃어버린 고리를 찾아 1,500만 년 전 신제3기 중기 미오세 시작까지 그 탐구의 자국을 과학사적인 배경을 섞어가며 살펴봤다. 이번에는 거꾸로 옛날부터 지금까지 사람이 걸어온 길—인류가 진화해 온 길을 되돌아보기로 하자.

영장류

사람(호모 사피엔스)은 동물의 계통 분류상 영장목(*primates*)에 속한다. 프리마테스란 제1급이라는 뜻이다.

사람의 학명 호모 사피엔스의 '호모'는 사람이라는 뜻이며, '사피엔스'는 지혜가 있다는 뜻으로 이를 합치면 '지혜가 있는 사람'이 된다. 사람과는 현재 1속 1종으로, 호모 사피엔스뿐이다.

사람과는 오랑우탄, 고릴라, 침팬지를 포함하는 오랑우탄(오랑우탄은 인도네시아어로 '삼림에 사는 사람'이라는 뜻)과와 긴팔원숭이과와 더불어 사람상과(上科)에 들어간다. 사람, 유인원은 긴꼬리원숭이(일본원숭이 등 구세계 원숭이), 꼬리감는원숭이(신세계-남아프리카 원숭이)와 더불어 진원아목(眞懷亞目)에 들고 안경원숭이, 로리스, 여우원숭이 투파이(나무타기쥐 등)들의 원원아목(原猿亞目)과 더불어 영장류를 구성한다.

원원아목은 그 이름처럼 진원아목에 비해 원시적이다. 그중에서도 가

그림 2-33 | 원원류. 안경원숭이(위)와 투파이(아래)

장 원시적인 투파이과는 신생대 초 고제3기의 팔레오세(6,400만~ 5,300만 년 전)에 출현하였다.

파충류에서 포유류로

중생대는 대형 파충류(이른바 공룡)의 전성시대이었다. 포유류 중에서 가장 오래된 형으로 생각되는 시수류(始獸類)는 트라이아스기(三疊紀) 말부터 쥐라기 초(약 2억 1,000만 년 전)에 파충류의 수형류로부터 진화하였는데,

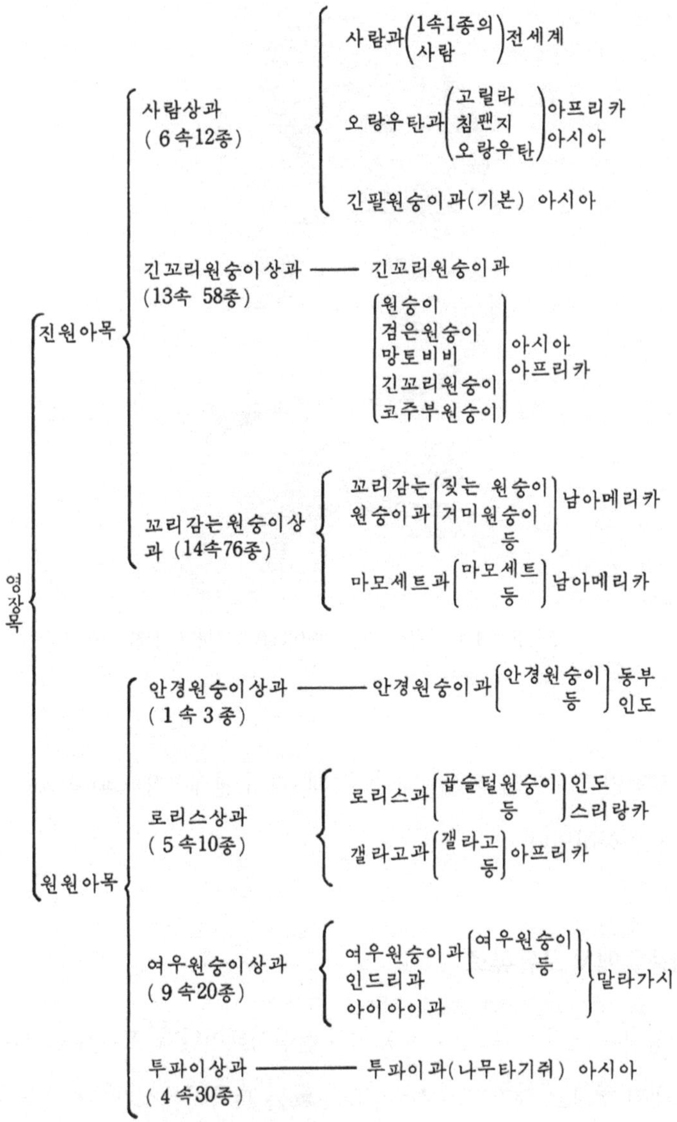

영장목

- 진원아목
  - 사람상과 (6속12종)
    - 사람과 (1속1종의 사람) 전세계
    - 오랑우탄과 (고릴라 침팬지 오랑우탄) 아프리카 아시아
    - 긴팔원숭이과(기본) 아시아
  - 긴꼬리원숭이상과 (13속 58종) ── 긴꼬리원숭이과 { 원숭이 검은원숭이 망토비비 긴꼬리원숭이 코주부원숭이 } 아시아 아프리카
  - 꼬리감는원숭이상과 (14속76종)
    - 꼬리감는원숭이과 { 짖는 원숭이 거미원숭이 등 } 남아메리카
    - 마모세트과 { 마모세트 등 } 남아메리카
- 원원아목
  - 안경원숭이상과 (1속3종) ── 안경원숭이과 { 안경원숭이 등 } 동부 인도
  - 로리스상과 (5속10종)
    - 로리스과 { 곰슬털원숭이 등 } 인도 스리랑카
    - 갤라고과 { 갤라고 등 } 아프리카
  - 여우원숭이상과 (9속20종) { 여우원숭이과 { 여우원숭이 등 } 인드리과 아이아이과 } 말라가시
  - 투파이상과 (4속30종) ──── 투파이과(나무타기쥐) 아시아

그림 2-32 | 영장류의 계통 분류(일본 몽키센터)

대형 파충류가 전성시대를 누린 백악기 말까지의 약 1억 5,000만 년이라는 긴 세월 동안 가까스로 살아남았다.

백악기 후기에 들어와 정향진화(定向進化)에 의해 거대화, 특수화하여 중생대 말의 지각변동과 환경변화에 적응할 수 없게 된 거대 파충류가 절멸하자 이에 대신하여 육상세계는 포유류의 세상으로 바뀌었다. 중생대형의 고사리식물과 겉씨식물이 무성하던 지표에 새로운 속씨식물이 무성하기 시작한 것은 백악기 중기였으며, 포유류 발전에 적합한 먹이가 늘어났다.

식물군의 대변화가 동물군의 대변화에 앞서 일어난 것은 화석을 조사해 보면 증명된다. 육상동물이 출현하기 앞서 식물이 상륙하였고, 중생대형 육상생물의 발전에 앞서 중생대형 식물이 고생대형 식물과 교대하였다.

백악기 말기(7,000만 년 전)에서 고제3기 초기(6,000만 년 전)경에 정수류(正獸類)라 불리는 포유류가 발견되고, 적응방산(適應故故)이 일어나 새로운 종류가 나타났다. 원원류 가운데서도 원시적인 투파이과는 팔레오세에 출현하였다. 투파이는 나무타기쥐라고도 불리며 작은 다람쥐를 닮은 수상생활을 하는 동물로 현재는 동남아시아에만 산다. 얼핏 보기에 원숭이처럼 보이지 않아서 전에는 두더지와 더불어 식충류로 분류되었다.

이빨에 의한 포유류 분류

포유류를 분류하여 그 진화를 알아보는 데 있어서는 이빨 형태와 수가 중요하다. 포유류는 문치, 견치, 소구치, 대구치의 4종의 이빨이 있고, 파

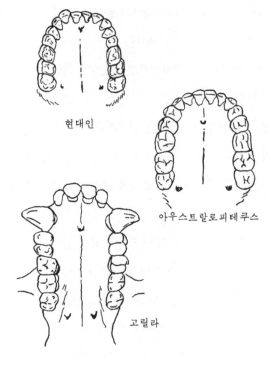

현대인

아우스트랄로피테쿠스

고릴라

그림 2-34 ㅣ 사람과 유인원의 이

충류와 구별되는 중요한 점 중의 하나이다. 문치는 '앞니'로서 자르는 구실을 하며, 견치는 송곳니로서 날카롭고 뾰족하여 고기를 먹는 데 없어서는 안 된다. 소구치와 대구치는 어금니로서 맷돌처럼 식물성의 음식을 가는 구실을 한다.

사람은 유인원과 마찬가지로 상하좌우 모두 문치 2, 견치 1, 소구치 2, 대구치 3으로 계 8개 있고 상하좌우 합계 32개이다. 이것을 $\dfrac{2 \cdot 1 \cdot 2 \cdot 3}{2 \cdot 1 \cdot 2 \cdot 3}$

이라 하여 치식(齒式)이라 한다. 선의 위아래는 상악과 하악이다.

원시 포유류는 $\dfrac{3 \cdot 1 \cdot 4 \cdot 3}{3 \cdot 1 \cdot 4 \cdot 3}$ 으로 총수 44개이며, 투파이는 $\dfrac{2 \cdot 1 \cdot 3 \cdot 3}{3 \cdot 1 \cdot 3 \cdot 3}$ 으로 총수 38개로 원시 포유류에 가깝다. 포유류는 진화해가면 그다지 사용하지 않는 이는 퇴화하여 소실한다. 예를 들면 초식을 하는 소는 $\dfrac{0 \cdot 0 \cdot 3 \cdot 3}{3 \cdot 0 \cdot 3 \cdot 3}$ (총수 30)가 되었다. 코끼리의 상아는 견치가 아니고 문치가 발달한 것인데, 코끼리는 그 선조인 메리테리움을 제외하면 견치가 없어졌다.

최초의 영장류

오늘날의 나무타기쥐는 식충류를 닮았는데, 식충류의 가장 오래된 것은 쥐라기 말에서 백악기 초기에 동부 아시아에 나타났고, 백악기 후기에는 아시아와 북아메리카에도 나타난 정수류 중에서는 제일 오래전에 나타난 종류이다. 따라서 영장류의 가장 초기의 것인 투파이과에 속하는 다람쥐를 닮은 원원류(原猿類)가 식충류로부터 백악기 말경에 진화하였다고 생각된다. 즉 사람의 선조는 7,000만 년 전의 옛날에 '두더쥐의 선조'로부터 갈라졌다고 추정된다.

투파이과는 현재는 동남아시아에만 사는데 이를 포함하여 투파이상과는 널리 분포되었던 것 같다. 시먼즈에 의하면 북아메리카의 팔레오세 중기(약 6,000만 년 전)에는 7속이 있었고, 팔레오세 후기(약 5,500만 년 전)에는 북아메리카에 3속, 유럽에 3속, 아시아에 1속이 있었다. 이렇게 북아메리카에 많았던 것은 최초의 영장류는 북아메리카에서 출현하였다고도 생각되며, 또 북아메리카가 그 서식에 적당하였다고도 추정된다.

최근의 대륙 이동설에 의하면 대서양은 2억 년 전 쥐라기 초에 갈라지기 시작하여 1억 8,000만 년 전의 쥐라기 중기에는 지금의 지브롤터에서 파나마 지협에 걸쳐 최초의 대서양이 생겨 차츰 확대하였는데, 6,500만 년 전 백악기와 고제3기 경계경에는 북아메리카와 그린란드는 중북부 유럽과 연결되었던 것 같다. 더욱이 고 제3기에는 지금은 빙하에 덮인 북대서양의 스발바르 제도에도 열대성 식물이 무성했다고 알려진다. 이 고제3기 초까지는 북아메리카와 유라시아에 육상동물이 오고 갈 수 있었다. 원시 영장목이 유라시아와 아프리카에 진출하여 인류가 태어나기까지의 오랜 세월 동안에 아메리카 대륙은 서로 계속 이동하여 반대쪽에서 유라시아와 다시 만났다. 석기 문화를 가진 사람이 새로 생긴 베링 육교를 지나 6,500만 년 전의 조상의 고향땅 북아메리카로 친정 나들이를 한 셈이다. 아무튼 원시적인 원숭이들이 나무 위에서 생활함으로써 앞발, 즉 손의 발달을 촉진하였고, 또 나무에 매달려 몸을 세움으로써 두 발로 서서 걷는 사람으로 진화된 것과 이어지는 듯 보인다.

에오세(5,300~3,700만 년 전)가 되자 여우원숭이, 안경원숭이의 옛 형이 유라시아, 북아메리카에 나타나 원원류로 발전했다. 북아메리카에서는 31속 41종, 유럽에서는 15속 28종을 헤아릴 수 있다고 한다. 에오세 중기에는 뇌의 부피와 체구 비율이 벌써 포유류 중에서 최대가 되어 수상생활에 적응해갔다. 그리고 이들 중에서 에오세 후기에 진원류로 진화하였

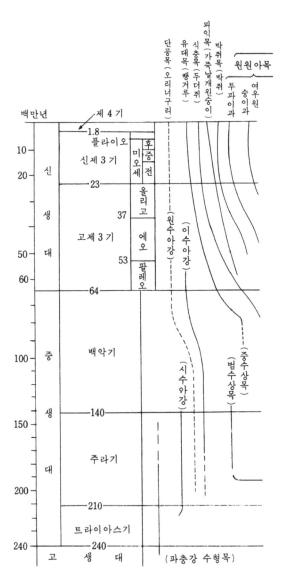

그림 2-35 | 영장류를 주로한 포유류계통과 시대적 분포
(연수는 1976년 시트니의 심포지움에 의한다)

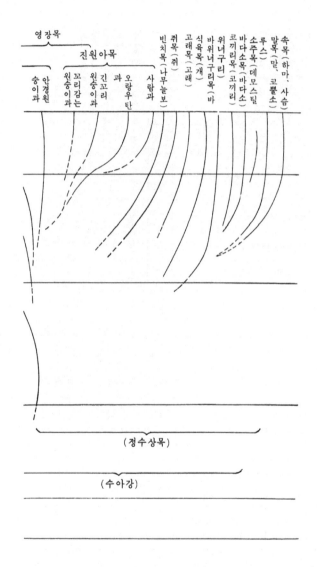

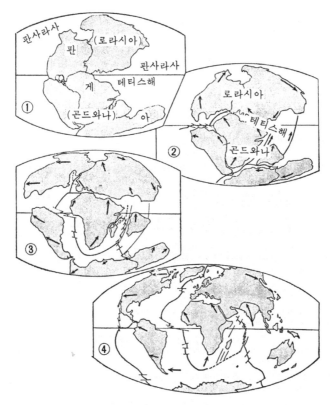

① 2~3억 년 전 무렵에는 모든 대륙이 한데 붙어 있었고, 판게아라 불렸다. 판탈라사 (고대 태평양) 쪽에서 테티스해(고대 지중해)가 파고들어 북쪽 로라시아와 남쪽 곤드와나 를 갈라놓았다. 대서양은 존재하지 않았다.

② 1억 8,000만 년 전(쥐라기 초)에 대규모 열목이 생겨 로라시아와 곤드와나가 분리하 기 시작하여 곤드와나 가운데서 남극, 오스트레일리아, 인도가 떨어져 나갔다. 남북아메 리카 사이에 대서양이 갈라지기 시작하였다.

③ 약 6,500만 년 전(백악기 말에서 고 제3기 초에 걸쳐) 최초의 영장류가 나타난 무렵 에는 북아메리카와 유럽은 연결되었고 대서양은 남쪽부터 벌어졌다.

④ 현재. 신생대 동안에 대서양이 확대되고 인도는 아시아에 붙었다. 그동안에 히말라야 산맥이 생기고, 오스트레일리아, 남극도 아프리카로부터 떨어져 현재처럼 되었다.

그림 2-36 | 대서양의 탄생과 확대

다고 한다.

진원류의 출현

현존하는 진원류 중에서 가장 원시적인 것은 남아메리카에 사는 꼬리 감는원숭이류이다(신세계원숭이라고도 한다). 아마 에오세에 나타났을 터인데, 화석은 신 제3기 미오세(아르헨티나와 콜롬비아)까지만 발견된다.

이집트의 카이로에서 남쪽으로 약 100km 되는 파이윰 부근에 에오세 후기로부터 올리고세의 4,500만 년에서 3,000만 년 전 무렵에 조성된 해안, 호수 및 육성지층에서(당시의 지중해인 테티스 해를 바라보는) 포유류 화석이 많이 산출되므로 영미의 조사대는 몇 번씩 되풀이하여 발굴하였다. 코끼리의 선조 메리테리움도 이 지층에서 발견되었다.

이곳을 리고세 전기(3,700만 년 전) 지층에서는 파라피테쿠스(*Parapithecus*), 프로플리오피테쿠스(*Propliopithecus*)란 2속의 소형 원숭이의 하악골이 나왔다. 이들이 진원류의 오랜 형이란 것에는 모든 학자들의 의견이 일치되지만 그중 어느 것과 가까운가(어느 선조인가) 하는 점에 대해서는 의견이 일치되어 있지 않다.

프로플리오피테쿠스가 긴팔원숭이 선조라는 의견과 긴팔원숭이, 오랑우탄, 사람 3과를 포함하는 사람상과 전체의 선조라는 의견이 있다.

파이윰의 조금 윗 지층(올리고세 중기 3,000만 년 전 무렵)에서 진원류 화석 아피디움(*Apidium*)이 많이 나왔는데, 사람상과에 든다고 한다. 한때 사

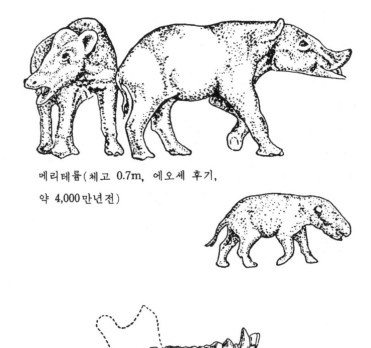

피오미아 (체고 1.3m, 올리고세 전기, 약 3,500만년전)

메리테륨(체고 0.7m, 에오세 후기, 약 4,000만년전)

플리오피테쿠스

파라피테쿠스   프로플리오피테쿠스

그림 2-37 │ 코끼리의 선조인 피오미아와 메리테리움(위). 파라피테쿠스
와 프로플리오피테쿠스, 플리오피테쿠스의 하악골(아래).

람의 선조라고 생각된 이탈리아 미오세의 오레오피테쿠스에 관계가 깊다는 의견이 유력한 것 같다. 이 밖에 올리고피테쿠스, 메리오피테쿠스, 이집토피테쿠스 등의 진원류 화석도 나왔다.

버머의 에오세 말기(3,700만 년 전) 지층에서 콜버트에 의해 보고된 암피피테쿠스, 폰다운기아의 2속은 오랑우탄과에 드는데, 아시아 인류 진화에 대한 중요한 자료이다.

현시점에서 인류 진화사에서의 가장 취약점은 3,000만 년 전부터 1,500만 년 전까지(올리고세 말기에서 중기 미오세 초기까지) 3,000만 년이라는 긴 기간 동안에 믿을 만한 자료가 거의 없다는 일이다. 더욱이 이 동안은 고 제3기로부터 신 제3기가 되고 여러 가지 생물에 변화와 교대가 일어났던 시기였다.

전 원인 단계

신 제3기에 들어가서 처음으로 나온 사람상과 화석은 아프리카 빅토리아호 북동 끝에 있는 루싱가섬(케냐)에서 나온 프로콘술(*Proconsul*)이다. 이것은 2,200~1,500만 년 전이라고 연대측정된 전기 미오세의 유일한 자료이다.

프로콘술은 최근에는 드리오피테쿠스에 포함시키기도 하며 침팬지를 닮았다고 한다. 드리오피테쿠스는 유럽(프랑스, 오스트리아 등)의 중기 미오세 체소리언(1,500만 년 전~ 1,000만 년 전)에서 나왔는데, 한때 사람의 선조라고 생각된 일도 있었지만 오늘날에는 오랑우탄과의 선조로 친다.

인도의 시와릭통의 후기 미오세(1,000만 년~500만 년 전)에서 나온 같은 드리오피테쿠스속의 아속에 포함시키는 인도의 드리오피테쿠스(시바피테쿠스, *Dryopithecus*; *Sivapithecus*)도 오랑우탄의 선조로 친다.

이 시와릭통의 후기 중신세의 지층(틴지층)에서 나온 라마피테쿠스, *Ramapithecus*)는 처음에는 드리오피테쿠스로 간주되었다. 그러나 치열 등이 진원류보다는 사람을 닮았으며, 현시점에서는 많은 학자가 이것을 사람과에 넣는다. 어떤 사람은 오스트랄로피테쿠스에 넣기조차 한다. 수상생활에서 내려와 두 다리로 걸었다고 생각되는 점이 있다. 오랫동안 수상생활을 하게 되자 앞발(손)이 발달된 진원류가 나무에서 내려와 두 다리로 걷게 되고 앞발을 자유롭게 손으로 사용하게 된 것이 사람화에의 제1보라고 생각되기 때문이다.

케냐의 케냐피테쿠스(*Kenyapithecus*)도 라마피테쿠스에 속한다는 의견이 많다. 케냐피테쿠스는 비링고 최하층(약 1,400만 년 전)과 빅토리아 호의 루싱가섬(약 1,500만 년 전)에서 나왔으므로 인도의 라마피테쿠스보다 오래되었다. 라마피테쿠스와 케냐피테쿠스를 여기서는 사람과에 넣고 원인보다 오래되었다는 뜻에서 전 원인이라 부르고 두 다리로 걸어 다니기 시작한 최초의 인류로서 이 진화 단계를 전 원인단계라 부르기로 하자. 전원인단계는 1,500만 년 전에서 500만 년 전이란 긴 기간에 걸친다.

을리고세의 아피디움에서 진화하였다고 생각되는 오레오피테쿠스는 이탈리아 중부 빠자남방 반보리산 부근의 후기 미오세 지층에서 발견되었다. 한때 사람의 선조라고 생각되기도 하였으나 거의 완전한 표본이 발견됨으로써 수상생활을 하였다고 판단되어 지금은 사람의 진화 계통에서 제외한다.

원인단계(오스트랄로피테쿠스)

500만 년 전부터 플라이오세로 들어갔다. 그 직후 후기 미오세 말기(메시니언기)에 지중해의 대부분이 말라버려 현재 지중해 지역에 전체적으로 암염이 퇴적된 사건이 일어났다. 이 사건은 테티스해(옛날 지중해) 남쪽을 주요 생활 무대로 삼았던 전 원인에 무슨 영향을 끼쳤음에 틀림없다.

현시점에서는 구체적으로 알지 못하나 결과적으로 직립 이족 보행하면서 극히 원시적인 도구(골기, 각기와 원시적 석기-카프언?)를 사용하였다고 생각되는 오스트랄로피테쿠스(懷人)가 500만 년 전에 아프리카 동부에 나타났다. 제일 오래된 화석은 450만~500만 년 전 플라이오세 초기에 케냐의 루돌프 호(투루카나호) 남서쪽 로타감에서 나왔다(꼬빵의 제7화석대).

다음에는 375만 년 전부터 200만 년 전 에티오피아 남부 오모 계곡에서 나왔다. 꼬빵 화석대에서는 제5 및 제4화석대에 포함된다. 오모에서 나온 화석은 파라오스트랄로피테쿠스 이티오피쿠스라고 불렀는데 오늘날은 오스트랄로피테쿠스에 포함시킨다.

다음은 약 260만 년 전 케냐의 바링고와 같은 케냐의 루돌프호 동쪽 쿠비포라에서 나온 화석으로 꼬빵의 제4석기대에 들어간다. 다음이 올두바이 제1층, 즉 현시점에서는 제4기의 시작이라고 하는 지층으로 꼬빵의 제3화석대로 연대는 180만~140만 년 전이다.

제3화석대(또는 더욱 오래된 제4화석대)에서는 다음 단계에서 주역이 되는 호모에렉투스(피테칸트로푸스)가 출현하여 오스트랄로피테쿠스와 100만 년이나 오랫동안 공존한 것 같다. 피테칸트로푸스와 오스트랄로피테쿠스는 공존하였으며 사람속(호모)은 오스트랄로피테쿠스에서 진화된 것이 아니라는 의견도 있었는데, 플라이오세의 300만 년 동안은 거의 오스트랄로피테쿠스만의 세계였음이 밝혀진 오늘날은 사람속은 플라이오세의 어느 시기에 오스트랄로피테쿠스속에서 진화하였다고 보아도 된다. 더욱이 오스트랄로피테쿠스에는 2속이 있었고, 건장한 느낌이 드는 파란트로푸스는 섬세한 느낌이 들지만 문화를 가진 오스트랄로피테쿠스(좁은 뜻의)에 의해 멸망되었다는 의견도 있다. 그러나 둘은 하나였다는 이마니시(今西錦司)설에 필자는 찬성한다.

오스트랄로피테쿠스의 화석은 거의 동부 아프리카와 남아프리카에서 나왔는데 동남아시아의 자바에서 나온 메간트로푸스는 아마 오스트랄로피테쿠스 말기에 속할 것이다. 그렇더라도 전 원인이 많이 나온 인도의 시와릭에 오스트랄로피테쿠스화석 이 아직 발견되지 않는 것은 불가사의하다. 최근 인류 화석이 새로 발견되는 중국에서 오스트랄로피테쿠스가 발견될 가능성도 있다.

원인단계(피테칸트로푸스)

피테칸트로푸스(原人)는 남부 아프리카에서 오스트랄로피테쿠스가 발견되기까지, 그리고 1950년대에 오스트랄로피테쿠스가 사람과의 일원으로 널리 학계에서 인정되기까지 가장 오래된 사람이었고, 원숭이와의 사이의 잃어버린 고리라고 생각되었다. 현재는 호모속에 넣고 호모 에렉투스라고 불린다.

피테칸트로푸스는 처음에 자바에서, 다음에 베이징에서 나왔다. 모두 100만 년과 다른 새로운 것이었는데, 1960년대에 들어와 100만 년보다 오래된 화석이 탄자니아, 케냐에서 발견되었다. 이것이 호모 에렉투스 하빌리스이며, 올도완 문화라 부르는 원시적 석기 문화를 가졌다.

또 호모 하빌리스를 오스트랄로피테쿠스에 포함시키는 학자가 있음은 앞에서 얘기하였다. 호모 하빌리스는 올두바이 상부층에서는 호모 에렉투스로 진화하여 아브빌리언-아슐리언 문화를 갖게 되었다. 이 무렵 오스트랄로피테쿠스는 동부 아프리카에서 모습을 감춘 것 같으나 남아프리카는 여전히 오스트랄로피테쿠스의 세계였던 것 같다(꼬뺑의 제2화석대).

인도네시아의 자바 원인은 100만 년 전 무렵부터 나타났던 것 같다. 그전에는 지질학적 자료로 보아 자바 지역은 지리적으로 사람이 살 수 없는 환경이었다. 이어 40만~50만 년 전에 베이징 원인이 나타났다. 이것은 어엿한 저우커우뎬 문화를 가졌고, 불을 사용했음이 확인되었다.

남부 아프리카 스바르트크란에서 나온 피테칸트로푸스는 전에 테란트로푸스라 불렸는데 하빌리스와 마찬가지로 올도완 문화를 가졌다. 유럽의 하이델베르크인(70만 년 전경), 북부 아프리카의 아틀란트로푸스(50만 년 전경)도 모두 아슐리언 문화를 가졌다. 이리하여 피테칸트로푸스는 유라시아와 아프리카에 널리 분포되었으며 빙기, 한랭기가 거듭되는 동안 그에 대응하는 피테칸트로푸스의 문화적 향상을 자극하여 호모 사피엔스에의 진화로 이끌었다고 생각된다.

피테칸트로푸스와 네안데르탈인의 중간적인 자바의 솔로인(간동인)은 약 20만 년 전에 나타났으며 전에는 네안데르탈인에 포함되었다.

구인단계(네안데르탈인)

네안데르탈인(旧人, 넓은 뜻에서)은 호모 사피엔스 네안데르탈렌시스라고 불린다. 한대 이외의 유라시아, 아프리카에 널리 분포하여 인류 화석으로서는 가장 잘 알려졌다. 현대인과 같은 호모 사피엔스라는 종명이 붙을 만큼 오늘날의 사람과 아주 닮았으므로 19세기에는 화석이 발견되어도 역사 시대의 사람뼈라고 억지로 생각하려 했다. 무스테리안-르발루아 문화를 가졌으며 누구 눈에도 인공이 가해진 돌임이 뚜렷하다.

일본의 하마나(浜名)호 근처에서 발견된 우시카와(牛川)인은 불완전하지만 네안데르탈인이라 추정된다. 이것은 실물이 소실하여 의문점이 많은 아까시인을 제외하면 일본에서 제일 오래된 인류 화석이다. 아울러 일본에서도 이 시대의 구석기가 나왔다. 또 일본 학자가 이스라엘에서 발굴한 아무드인은 네안데르탈인의 제일 새로운 형으로 호모 사피엔스에의 변이를 보여 준다고 한다.

네안데르탈인은 15만 년 전(문제점이 남은 것으로는 20만 년 전)에서 3만 5,000년 전 리스 빙기 말부터 뷔름 빙기 중기까지 살았다.

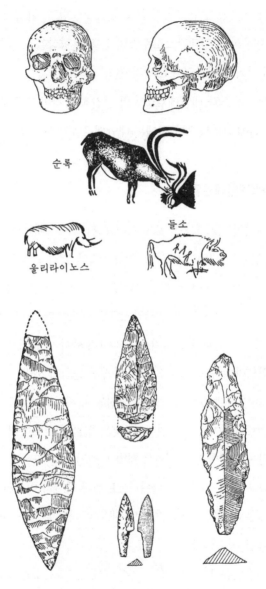

순록

들소

울리라이노스

그림 2-38 | 크로마뇽인과 그 벽화, 석기

그림 2-39 | 신석기 시대인의 플린트광산

신인단계(호모 사피엔스)

학명이 호모 사피엔스(新人)이며, 현재의 인류와 형태학적으로는 다를
바 없다. 4만 년 전쯤부터 나타났으며 대부분이 1만 5,000년 전쯤에 살
았다. 오리나시언, 마그달레니언 등 구석기 시대에 가장 진보된 문화를
지녔으며, 주로 수렵 생활을 하였다. 프랑스 등에서는 동굴 벽에 매머드
코끼리 등 수렵 동물을 벽화로 그린 그림이 남아 있다. 이 근방이 현재의

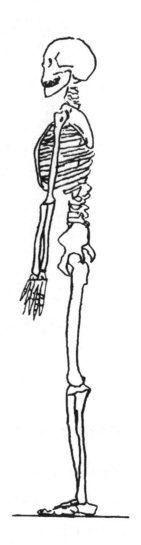

그림 2-40 | 사람과 침팬지의 골격 비교

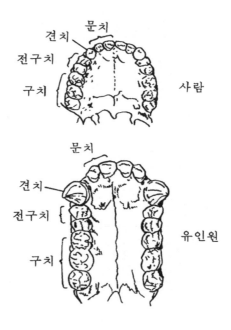

그림 2-41 │ 사람과 유인원의 치열 비교

인종의 시작이다.

　서유럽의 크로마뇽인은 백인으로 연결되었고, 중국에서 나온 화석인은 몽골로이드에 연결되었다고 한다. 이 말기경 몽골로이드는 육지로 연결되었던 베링 해협을 넘어 알래스카를 거쳐 북아메리카로 건너가 인디언이 되었다고 한다.

　일본 하마나호 근처에서 나온 미께비(三ヶ日)인과 하마키타(浜北)인은 일본의 신인(호모 사피엔스)이라 하며 각지에서 이 시대의 구석기가 나왔다.

뇌부피의 대략적인 변화

침팬지	394cc (평균)
오랑우탄	411cc (평균)
고릴라	506cc (평균)
오스트랄로피테쿠스	435 ~ 540cc
호모 하빌리스	700 ~ 800cc
호모 에렉투스	850 ~ 1220cc
네안데르탈인	1300 ~ 1600cc
호모 사피엔스(현대인)	1300 ~ 2000cc

신석기 시대는 빙하기가 끝나고 기후가 완화된 약 1만 년 전부터 시작되었다. 이 시대에는 농업, 목축, 토기, 직물의 제작 등 그때까지 자연환경 그대로를 이용하던 생활에서 생산 활동으로 방향전환하기 시작하였다. 거주지도 정착되고 식량의 생산, 공급도 안정되어 촌락이 생기고 정신문화로서 종교가 생겨 사회, 거주지를 기반으로 하여 국가가 일어나는 방향으로 향하였다. 일본의 조몬(織文)시대가 이에 해당한다.

영국, 프랑스 등에서는 석기를 만드는 재료인 플린트를 지하에서 채굴하기 위한 최초의 광산이 생겼고, 다음 금속시대를 거쳐 역사시대, 현대로 진행되었다.

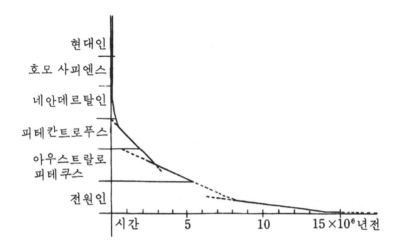

그림 2-42 | 단계별 인류 진화속도

인류 진화의 정리

이상 1,500만 년 전의 라마피테쿠스가 나타난 후 사람과의 진화 발전을 단계로 나눠 더듬어왔는데 이제 정리해 보자. 사람과 그 밖의 영장류와의 근본적인 차이는 사람이 항상 직립 이족 보행한 점이다. 그건 골격에 나타나 있다. 유인원은 수상생활을 하거나 때로는 이족 보행도 하지만 체제적으로 봐서 상시 직립 이족 보행하지는 못한다.

다음은 이의 배열과 견치, 구치의 형태로 이것은 음식의 차이에 의해 생겼을 것이다. 셋째로는 이족 보행에 의해 해방된 손의 활용이며, 넷째는 두골 형태의 변화와 뇌 부피의 증대를 들 수 있을 것이다. 이것은 호모 사피엔스로 진화된 다음 정신적, 문화적 발달에 연결된다.

이러한 차이는 사람이 환경의 변화에 적응하여 그것을 극복함으로써 오랫동안 획득하였다고 생각되며, 적어도 사람의 진화에 관해서는 다윈의 자연 도태설보다도 라마르크의 용불용설이 유리하다. 사람의 진화 단계와 햇수의 관계를 그래프로 그리면 그림 2-42 같이 된다. 전 원인단계, 오스트랄로피테쿠스 단계, 피테칸트로푸스 단계, 네안데르탈인 단계, 호모 사피엔스 단계가 되면서 햇수가 짧아져 나중에 가서는 비교가 안 될 만큼 급속화 한다.

이상으로 인류의 진화에 대하여 얘기해 왔지만 지금에 와서 고백하면 필자는 인류학에는 비전문가이다. 물론 전공인 신생대지사학(新生代地史学)을 공부하기 위해 인류 진화에 대해 다소간의 책을 읽고 논문도 뒤적였지만, 그것은 여러 자료를 써서 신생대의 지사를 이해하려는 입장이었다. 그래서 어떻게 보면 지사적 입장에서 본 인류 진화를 보아온 감이 없지 않다.

그런데 집필해가는 동안에 약간 불안한 생각이 들었다. 왜냐하면 몇십만, 몇백만이라는 긴 시간대 속에 인류 화석이 띄엄띄엄 흩어져 있고, 또한 완전한 개체가 아니고 부분 또는 파편에 지나지 않기 때문이다. 이것은 인류뿐만 아니라 척추동물에서는 항상 있는 일이다. 진화 과정에서 오랫동안 갑론을박이 끊이지 않는 원인이기도 하다.

생물종이 중간형을 거쳐 새로운 종으로 태어나는 과정은, 일반적으로

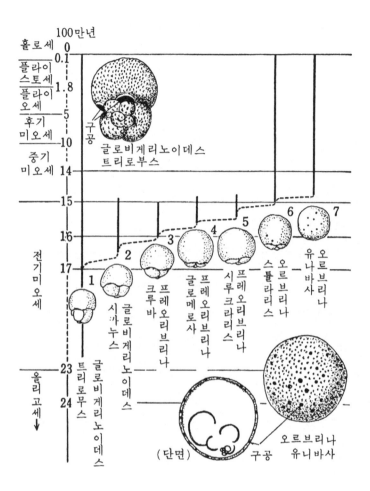

그림 2-43 | 오르브리나 유니바사의 진화. 글로비게리노이데스 구상의 방접합부(수류어)에 구공이라는 원형질이 위족을 내는 외부와의 연락구멍이 있다. 프리올루브리나에서는 구공의 수가 늘고 그것이 작아짐과 더불어 클루바글로메로사 시루크랄리스와 최후의 방이 커지고 그 때까지의 방을 감싼다. 오르브리나 수틀라리스는 수류어 이외에도 구공이 생겨 곧이어 먼저 방을 전부 싸버린다(오르브리나 유니바사). 세로선을 나타낸 생존기간을 보면 글로비게리노이 데스 시카누스에서 프리올루브리나의 각 종은 100만 년 내외로 짧은데 주의해야 한다.

포유류 같은 대형동물에서는 눈으로 볼 수 없다. 시간 경과와 더불어 연속적으로 퇴적되는 지층에 화석이 연속적으로 들어 있고, 더욱이 그것이 조사할 수 있는 조건이 충족되는 것은 해생 미화석, 특히 부유성 미화석 이외는 없을 것이다. 여기에 부유성 유공충 글로비게리노이데스 트리로부스라는 속종에서 중간종을 거쳐 드디어 오르브리나 유니바사라는 새로운 속종이 태어나는 모습을 그림 2-43에서 보였다.

이 두 유공충은 오늘날 플랑크톤으로 바다에 서식하는데 얼핏 보아 전혀 다른 종 같이 보인다. 1956년 브로우는 카리브 해역의 유전 보링에 의한 연속적인 표본채집에서 이런 사실을 발견하였다. 그 후 해양저의 코어나 세계 각지에서도 마찬가지임이 알려졌다. 일본에서도 마찬가지이며, 여기에 보인 150만 년이라는 연수(바로 라마피테쿠스가 나타난 해)는 실은 일본에서 측정된 것이다. 이 그림은 생물 진화에서 중간형이 얼마나 생존기간이 짧은가, 바꿔 말하면 잃어버린 고리가 얼마나 발견하기 어려운가를 여실히 보여 주는 좋은 예라고 하겠다.

지질 시대표

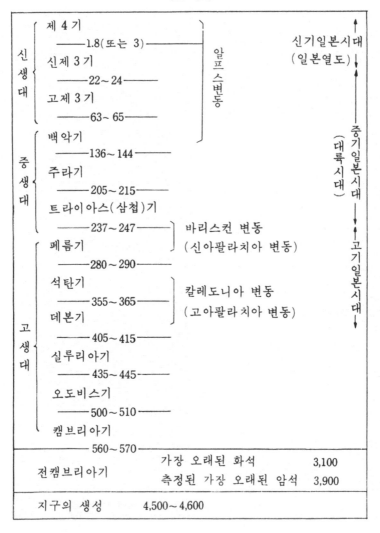

신생대	제 4 기	
	——1.8(또는 3)——	
	신제 3 기	
	——22~24——	알프스변동
	고제 3 기	
	——63~65——	

신생대
 제 4 기
  ——1.8(또는 3)——
 신제 3 기
  ——22~24——
 고제 3 기
  ——63~65——

중생대
 백악기
  ——136~144——
 주라기
  ——205~215——
 트라이아스(삼첩)기
  ——237~247——

고생대
 페름기
  ——280~290——
 석탄기
  ——355~365——
 데본기
  ——405~415——
 실루리아기
  ——435~445——
 오도비스기
  ——500~510——
 캠브리아기
  ——560~570——

알프스변동

바리스컨 변동
(신아팔라치아 변동)

칼레도니아 변동
(고아팔라치아 변동)

신기일본시대
(일본열도)

중기일본시대
(대륙시대)

고기일본시대

| 전캠브리아기 | 가장 오래된 화석 | 3,100 |
| | 측정된 가장 오래된 암석 | 3,900 |

| 지구의 생성 | 4,500~4,600 |

지질 시대구분 · 생물의 변천

좌측 연대축 (억년전, 0~50):

- 무척추동물의 출현
- 다세포생물의 발생
- 대기중의 유리 산소의 증가
- 순상지의 중심완성
- 가장 오래된 화석(단세포)
- 가장 오래된 암석(코라반도, 미네소타주)
- 3권의 분립
- 지구의 탄생
- 태양계의 원소생성

지질시대구분			절대년대 오래됨	절대년대 깊이	생물의 변천 동물계	생물의 변천 식물계	일본의 지사
신생대	제4기	홀로세	0.01	0.01	인류 매머드 큰뿔사슴	속씨식물 신식물대	호상열도 (난생) 신일본 열도
		플라이스토세		1.99			
	제3기	신제3기 플라이오세	2	24	포유류		옛 일본열도의 반달 (대륙연변의 천해기)
		미오세	26				
	고제3기 올리고세				말의 진화 화폐석		
		에오세		44			
		팔레오세	70				
중생대	백악기			65	파충류 암모나이트 공룡 새의 출현	겉씨식물 중식물대	옛 일본열도의 탄생 (지향사의 해·초산기)
	주라기			45			
	트라이아스기(삼첩기)		225	45			
고생대	페름기			45	양서류 프리나 사사산호 목생고사리	고사리식물 고식물대	옛 일본열도의 탄생 (아시아대륙기)
	석탄기			80	어류	앵무조개 위록조개	
	데본기		400	50		상판산호 삼엽충	
	실루리아기			40	유각 필석		
	오도비스기			60		조균류	일본선사시대 (아시아대륙기)
	캠브리아기		600	100	무척추동물 무각		
전캠브리아기	원생대		전		해파리 해면	석회조류	
	시생대		[×100만년]				

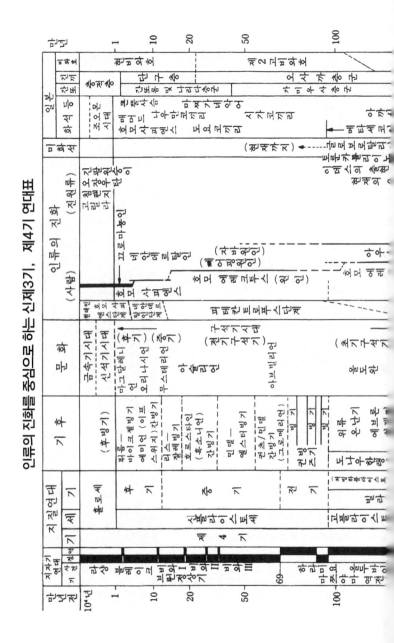

인류의 진화를 중심으로 하는 신제3기, 제4기 연대표

206

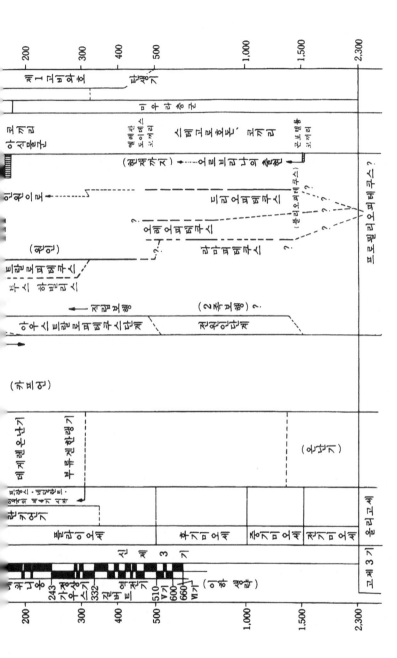